꼭 짚고 넘어가야 할

BASIC 기초수학

강병개 · 정해남 지음

꼭 짚고 넘어가야 할

BASIC 기초수학

강병개 · 정해남 지음

KM 경문사

차 례

명제와 집합

1. 명제 | 2. 집합

1 명제

참과 거짓을 구별할 수 있는 문장을 **명제**(statement/proposition)라 한다. 논리에서 명제는 보통 p, q, r, …과 같은 문자로 나타낸다. 따라서 어떤 명제 p가 주어지면 p는 참 또는 거짓, 둘 중의 어느 하나에만 해당된다. 앞으로 참을 T, 거짓을 F로 나타내며, 이것을 명제의 **진릿값**(truth value)이라 한다.

예 다음 중 명제를 고르시오.

(1) $2 \times 3 = 6$

(2) 두 홀수의 합은 짝수이다.

(3) 오늘 회의에 참석해주십시오.

(4) $\sqrt{2}$를 십진법으로 전개할 때 소수점 아래 100번째 자릿수는 7이다.

(5) 안녕하세요?

(6) 한국의 가을 하늘은 맑고 푸르다.

일반적으로 명제 p에 대하여 'p가 아니다'를 p의 **부정명제**(negation)라 하고, ~p로 나타낸다. 명제 p와 ~p의 진릿값은 다음과 같이 정의한다.

〈표 1〉

p	~p
T	F
F	T

이와 같이 모든 경우(논리적 가능성)에서의 명제의 진릿값을 표로 나타낸 것을 **진리표**(truth table)라고 한다.

두 명제 p, q에 대하여 다음과 같이 **결합기호**(connectives, ∧, ∨, →, ↔)를 이용하여 하나의 명제로 나타낼 수 있다. 이때 검토해야 할 모든 논리적 가능성은 각각 4(= 2 × 2)가지이다.

(a) 'p이고 q이다'를 $p \wedge q$로 나타낸다. (**논리곱**, conjuction)

(b) 'p 또는 q이다'를 $p \vee q$로 나타낸다. (**논리합**, disjuction)

(c) 'p이면 q이다'를 $p \rightarrow q$로 나타낸다. (**조건문**, conditional)

(d) 'p이면 그리고 그때에만 q이다'를 $p \leftrightarrow q$로 나타낸다. (**쌍조건문**, biconditional)

두 명제의 논리곱인 $p \wedge q$는 p와 q가 동시에 참일 때만 참이고, 논리합인 $p \vee q$는 p 또는 q 둘 중 어느 하나가 참이면 참이다. 조건문 $p \rightarrow q$에서 p를 **가정**, q를 **결론**이라 하고, 가정이 거짓인 조건문은 항상 참이다. 조건문은 가정이 참, 결론이 거짓인 경우만 거짓이다. 쌍조건문 $p \leftrightarrow q$는 $(p \rightarrow q) \wedge (q \rightarrow p)$로 정의할 수 있다. 쌍조건문은 p와 q의 진릿값이 같을 때만 참이다. $p \wedge q$, $p \vee q$, $p \rightarrow q$, $p \leftrightarrow q$와 같이 두 개 이상의 명제가 결합기호로 연결되어 있는 것을 **합성명제**(compound statement)라 한다. 그 진리표는 다음과 같이 정의한다.

〈표 2〉

p	**q**	**$p \vee q$**	**$p \wedge q$**	**$p \rightarrow q$**	**$p \leftrightarrow q$**
T	T	T	T	T	T
T	F	T	F	F	F
F	T	T	F	T	F
F	F	F	F	T	T

참고 두 결합기호 ∧, ∨은 →, ↔보다 더 강하게 명제를 묶는 것으로 약속한다. 가장 강한 결합기호는 ~이다.

예 두 명제 p, q에 대하여 $p \rightarrow q \leftrightarrow \sim p \vee q$는 $(p \rightarrow q) \leftrightarrow ((\sim p) \vee q)$를 의미한다.

명제 $p \rightarrow q$가 항상 참일 때, 이것을 $p \Rightarrow q$로 나타낸다. 이때 p는 q이기 위한 **충분조건**이라 하고, q는 p이기 위한 **필요조건**이라 한다. 또 명제 $p \leftrightarrow q$가 항상 참일 때, 이것을 $p \Leftrightarrow q$로 나타내고, 이때 p는 q이기 위한 **필요충분조건**이라 한다. 또 $p \Leftrightarrow q$인 경우 p와 q는 서로 **동치**(equivalent)인 명제라고 한다. 동치인 두 명제의 진릿값은 서로 같다.

모든 논리적 가능성에 대하여 진릿값이 참(T)인 명제를 **항진명제**(tautology)라 하고, 진릿값이 거짓(F)인 명제를 **모순명제**(contradiction)라고 한다. 항진명제는 보통 **t**로 나타내고 모순명제는 **c**로 나타낸다.

조건문 $p \rightarrow q$에 대하여 $q \rightarrow p$를 $p \rightarrow q$의 **역**(converse), $\sim p \rightarrow \sim q$를 $p \rightarrow q$의 **이**(inverse), $\sim q \rightarrow \sim p$를 $p \rightarrow q$의 **대우**(contrapositive)라고 한다. 여기서 조건문과 그 대우는 서로 동치이다. 마찬가지로 조건문의 역과 이는 서로 동치이다.

다음 정리의 증명은 진리표를 작성해서 확인할 수 있다.

정리 1.1.1 명제 p, q, r 에 대하여 다음이 성립한다.

(1) $p \Rightarrow p \vee q$	(합의 법칙)
(2) $p \wedge q \Rightarrow p$, $\quad p \wedge q \Rightarrow q$	(단순화의 법칙)
(3) $p \vee q \Leftrightarrow q \vee p$, $\quad p \wedge q \Leftrightarrow q \wedge p$	(교환법칙)
(4) $p \vee (q \vee r) \Leftrightarrow (p \vee q) \vee r$	
$\quad p \wedge (q \wedge r) \Leftrightarrow (p \wedge q) \wedge r$	(결합법칙)
(5) $p \vee (q \wedge r) \Leftrightarrow (p \vee q) \wedge (p \vee r)$	
$\quad p \wedge (q \vee r) \Leftrightarrow (p \wedge q) \vee (p \wedge r)$	(분배법칙)
(6) $\sim(\sim p) \Leftrightarrow p$	(이중부정법칙)
(7) $\sim(p \wedge q) \Leftrightarrow \sim p \vee \sim q$	
$\quad \sim(p \vee q) \Leftrightarrow \sim p \wedge \sim q$	(드 모르간의 법칙)
(8) $(p \vee q) \wedge \sim p \Rightarrow q$	(논리합의 삼단논법)
(9) $p \rightarrow q \Leftrightarrow \sim q \rightarrow \sim p$	(대우법칙)
(10) $(p \rightarrow q) \wedge (q \rightarrow r) \Rightarrow (p \rightarrow r)$	(추이법칙)
(11) $(p \rightarrow q) \wedge p \Rightarrow q$	(긍정식 삼단논법)
(12) $(p \rightarrow q) \wedge \sim q \Rightarrow \sim p$	(부정식 삼단논법)
(13) $(p \rightarrow q) \Leftrightarrow (p \wedge \sim q \rightarrow q \wedge \sim q)$	(귀류법)

예제 1 명제 '함수 $f(x)$가 미분가능하면 $f(x)$는 연속이다.'의 역, 이, 대우명제를 만들고, 이들의 참(T), 거짓(F)을 구분하시오.

풀이 역 : 함수 $f(x)$가 연속이면 $f(x)$는 미분가능하다. (F)
이 : 함수 $f(x)$가 미분가능하지 않으면 $f(x)$는 연속이 아니다. (F)
대우 : 함수 $f(x)$가 연속이 아니면 $f(x)$는 미분가능하지 않다. (T)

어떤 정해진 조건에 따라 참 또는 거짓이 될 수 있는 문장을 **조건명제**(conditional proposition) 또는 **명제함수**(propositional function)라 하고 $p(x)$로 나타낸다. 전체집합을 U라고 할 때, 명제함수 $p(x)$를 참이 되게 하는 x의 집합 $P = \{x \in U \mid p(x)\}$를 $p(x)$의 **진리집합**(truth set)이라 한다.

예제 2 $U = \mathbb{R}$, 명제함수 $p(x)$를 '$x^2 + 2x - 3 = 0$'으로 정할 때,
(1) $x = 1$일 때와 $x = 0$일 때 참, 거짓을 말하시오.
(2) $p(x)$의 진리집합 $P = \{x \in \mathbb{R} \mid p(x)\}$를 구하시오.

풀이 (1) $x=1$일 때 $1^2+2\cdot1-3=0$이므로 $p(x)$는 참이고,

$x=0$일 때 $0^2+2\cdot0-3=-3\neq0$이므로 $p(x)$는 거짓이다.

(2) $x^2+2x-3=(x-1)(x+3)=0$일 필요충분조건은 $x=1$ 또는 $x=-3$이므로 $p(x)$의 진리집합은 $P=\{x\in\mathbb{R}\mid p(x)\}=\{-3,1\}$이다.

전체집합 U의 원소에 대한 명제함수 $p(x)$는 명제가 아니지만, 다음과 같은 기호와 함께 쓰면 명제가 된다.

$$\forall x\, p(x) \text{ 또는 } \exists x\, p(x)$$

$\forall$을 **전칭기호**(universal quantifier), $\exists$를 **존재기호**(existential quantifier)라 하고, 이것을 통틀어 **한정기호**(quantifier)라고 한다. $\forall x\, p(x)$는 '모든 x에 대하여 $p(x)$이다.'로 읽고, U의 모든 x에 대하여 $p(x)$가 성립할 때만 그 진릿값을 참으로 정한다. 또 $\exists x\, p(x)$는 '$p(x)$인 x가 적어도 하나 존재한다.'로 읽으며 U에 $p(x)$를 성립시키는 x가 적어도 하나 이상 존재할 때 그 진릿값을 참으로 정한다.

예 $p(x)$를 '$x^2=1$'이라 하면 $p(x)$는 명제가 아니다. 그러나 $U=\mathbb{R}$일 때, $\forall x\, p(x)$, $\exists x\, p(x)$는 각각 '모든 실수 x에 대하여 $x^2=1$', '$x^2=1$인 실수 x가 적어도 하나 존재한다.'가 되고 $\forall x\, p(x)$는 거짓, $\exists x\, p(x)$는 참인 명제가 된다.

한정기호가 붙은 명제함수 $p(x)$의 부정은 다음과 같이 정의할 수 있다.

(a) $\sim[\forall x\, p(x)] \Leftrightarrow \exists x \sim p(x)$

(b) $\sim[\exists x\, p(x)] \Leftrightarrow \forall x \sim p(x)$

예 $U=\mathbb{R}$, $p(x)$를 '$x^2+x+1>0$'으로 두면, 명제 $\forall x\, p(x)$는 '$\forall x\in\mathbb{R}$, $x^2+x+1>0$'이고 그 부정명제 $\exists x \sim p(x)$는 '$x^2+x+1\le 0$인 실수 x가 존재한다.'이다.

유한집합 $U=\{x_1, x_2, x_3, \cdots, x_n\}$에 대하여 $p(x_1), p(x_2), p(x_3), \cdots, p(x_n)$이 모두 참이면 그리고 그때에만 $\forall x\, p(x)$는 참이다. 즉, 논리곱 $p(x_1)\wedge p(x_2)\wedge p(x_3)\wedge\cdots\wedge p(x_n)$의 진릿값이 참이다. 마찬가지로 $\exists x\, p(x)$는 논리합 $p(x_1)\vee p(x_2)\vee p(x_3)\vee\cdots\vee p(x_n)$의 진릿값과 같다.

연습문제 Ⅰ-1

1 진리표를 이용하여 명제 p, q, r에 대하여 다음이 성립함을 보이시오.

(1) $p \wedge (p \rightarrow q) \Rightarrow q$

(2) $(p \rightarrow q) \Leftrightarrow (p \wedge \sim q \rightarrow c)$

(3) $(p \rightarrow q) \wedge (p \rightarrow r) \Leftrightarrow (p \rightarrow q \wedge r)$

(4) $(p \rightarrow q) \wedge (p \rightarrow \sim q) \Leftrightarrow \sim p$

2 $[p \rightarrow (q \wedge r)] \rightarrow (p \rightarrow q)$가 항진명제임을 보이시오.

3 $p \wedge (p \rightarrow q) \wedge (p \wedge \sim q)$가 모순명제임을 보이시오.

4 다음 명제의 역, 이, 대우명제를 만드시오.

(1) 급수 $\sum_{n=1}^{\infty} a_n$이 수렴하면 $\lim_{n \rightarrow \infty} a_n = 0$이다.

(2) 수렴하는 두 수열의 합은 수렴한다.

(3) 평행한 두 직선에 대한 엇각이 같다.

5 자연수 x에 관한 다음 조건명제의 진리집합을 구하시오.

(1) $p(x) : x^2 + x - 2 = 0$

(2) $p(x) : x^2 < 1$

(3) $p(x) : x$는 12의 약수이다.

6 다음 각 명제의 부정명제를 만드시오.

(1) 두 유리수의 합은 유리수이다.

(2) 실수의 제곱은 양수이다.

(3) 삼각형이 내각의 크기의 합은 180°이다.

7 명제 '$x > 3$이면 $x^2 > 9$이다.'의 부정명제를 만드시오.

8 다음 명제가 참임을 대우를 이용하여 보이시오.

(1) $n \in \mathbb{N}$, n^2이 짝수이면 n도 짝수이다.

(2) $n \in \mathbb{N}$, n^2이 3의 배수이면 n도 3의 배수이다.

9 50 이하의 자연수 전체의 집합 U를 전체집합이라 하고 조건명제 $p(x)$를 'x를 7로 나눈 나머지는 3이다.'로 정할 때, 다음 물음에 답하시오.

(1) $p(x)$의 진리집합을 구하시오.

(2) $\forall x\, p(x)$, $\exists x\, p(x)$의 참, 거짓을 구분하시오.

10 자연수 집합 $\mathbb{N}$을 전체집합이라 하면 다음 두 조건명제 $p(x)$, $q(x)$의 진리집합을 구하고, 명제 $p(x) \to q(x)$의 참, 거짓을 구분하시오.

$p(x)$: $x^2 - 5x + 6 = 0$

$q(x)$: x는 6의 약수이다.

11 x, y, z가 모두 실수일 때, 다음 각 명제의 참, 거짓을 구분하시오.

(1) $\exists x, \forall y, x > y$

(2) $\forall x, \exists y, x > y$

(3) $\forall x, \forall y, \exists z, x^2 - y = z$

(4) $\exists x, \exists y, \forall z, x^2 - y = z$

2 집합

어떤 정해진 기준에 의해 명확하게 구분이 되는 대상들의 모임을 **집합**(set)이라 하고 그 대상들을 그 집합의 **원소**(element)라 한다. a가 집합 A의 원소일 때, $a \in A$로 나타내고 a는 A에 **속한다**고 말한다. a가 A에 속하지 않을 때는 $a \notin A$로 나타낸다.

집합을 표현할 때, 집합의 원소를 괄호 안에 순서 없이 나열하는 방법을 **원소나열법**이라 하고 $P=\{a, b, c, \cdots\}$처럼 나타낸다. 집합의 원소가 갖추어야 할 조건을 써서 나타내는 방법을 **조건제시법**이라 하고 $P=\{x \mid x \in A,\ p(x)\}=\{x \in A \mid p(x)\}$처럼 나타낸다. 여기서 $p(x)$는 x에 관한 한 조건이고, 집합 P는 A의 원소 중 $p(x)$를 참이 되게 하는 x의 집합을 의미한다.

예 원소가 1, 2, 3, 4인 집합 A를 $A=\{x \in \mathbb{N} \mid 1 \leq x \leq 4\}$ 또는 $A=\{1, 2, 3, 4\}$로 나타낼 수 있다. 이때 $3 \in A$, $7 \notin A$이다.

앞으로 자주 쓰는 수집합을 다음 기호로 나타내기로 한다.

$\mathbb{N}$: 자연수(natural number) 전체의 집합

$\mathbb{Z}$: 정수(integer) 전체의 집합

$\mathbb{Q}$: 유리수(rational number) 전체의 집합 ($\mathbb{Q}^c$: 무리수 전체의 집합)

$\mathbb{R}$: 실수(real number) 전체의 집합

$\mathbb{C}$: 복소수(complex number) 전체의 집합

원소의 개수가 유한개인 집합을 **유한집합**(finite set)이라 하고, $\{a\}$와 같이 원소가 하나인 집합을 **단원집합**(singleton set)이라 한다. 유한집합 A의 원소의 개수를 $|A|$ 또는 $n(A)$로 나타낸다. 자연수 집합처럼 원소의 수가 무한히 많은 집합을 **무한집합**(infinite set)이라 한다. 원소가 없는 것도 집합으로 간주하여 **공집합**(empty set)이라 하고 $\varnothing$ 또는 $\{\ \}$로 나타낸다.

집합 A의 모든 원소가 집합 B에 속할 때, 즉 $x \in A \Rightarrow x \in B$가 성립할 때, A는 B의 **부분집합**(subset)이라 한다. 이때, A는 B에 포함된다고 하며, $A \subseteq B$로 나타낸다. 따라서 공집합은 모든 집합의 부분집합이다. 또한 $(A \subseteq B) \wedge (B \subseteq A)$일 때, A와 B는 **같다**(상등)라 하고 $A=B$로 나타낸다. $(A \subseteq B) \wedge (A \neq B)$일 때, A는 B의 **진부분집합**(proper subset)이라 하고 $A \subset B$로 나타낸다.

두 집합 A, B에 대하여 다음과 같이 집합의 연산을 정의한다.

합집합 (union) : $A \cup B = \{x \mid x \in A \ \vee \ x \in B\}$

교집합 (intersection) : $A \cap B = \{x \mid x \in A \ \wedge \ x \in B\}$

차집합 (difference) : $A - B = \{x \mid x \in A \ \wedge \ x \notin B\}$

엄밀한 의미에서 모든 집합의 집합은 존재하지 하지만, 경우에 따라서 다루는 대상 전체를 **전체집합** (universal set)이라고 하고, 보통 U로 나타낸다. $A \subset U$에 대하여 $U - A = \{x \mid x \in U, \ x \notin A\} = A^c$로 정의하고 A^c를 A의 **여집합** (complement)이라 한다.

정리 1.2.1 전체집합 U의 부분집합 A, B, C에 대하여 다음이 성립한다.

(1) $A \cup B = B \cup A, \ A \cap B = B \cap A$ (교환법칙)

(2) $A \cup (B \cup C) = (A \cup B) \cup C$

$A \cap (B \cap C) = (A \cap B) \cap C$ (결합법칙)

(3) $A \cup (B \cap C) = (A \cup B) \cap (A \cup C)$

$A \cap (B \cup C) = (A \cap B) \cup (A \cap C)$ (분배법칙)

(4) $(A^c)^c = A, \quad A \cap A^c = \varnothing, \quad A \cup A^c = U$

(5) $(A \cup B)^c = A^c \cap B^c, \ (A \cap B)^c = A^c \cup B^c$ (드 모르간의 법칙)

(6) $A - B = A \cap B^c$

예제 1 위 정리 (6)의 성질을 이용하여 다음이 성립함을 보이시오.

$$(A \cup B) - C = (A - C) \cup (B - C)$$

풀이 $(A \cup B) - C = (A \cup B) \cap C^c = (A \cap C^c) \cup (B \cap C^c)$

$= (A - C) \cup (B - C)$

집합 A의 부분집합 전체의 집합을 A의 멱집합(power set)이라 하고 $P(A)$로 나타낸다.

$$\text{즉, } P(A) = \{B \mid B \subseteq A\}, \quad B \subseteq A$$

예 $A = \{a, b\}$의 멱집합은 $P(A) = \{\varnothing, \{a\}, \{b\}, \{a, b\}\}$이고,
공집합의 멱집합은 $P(\varnothing) = \{\varnothing\}$이다.

집합 A의 원소의 개수가 n인 유한집합이라 할 때, A의 부분집합 중 원소가 r개인 것

의 개수는 ${}_nC_r$이므로 A의 모든 부분집합의 개수는 2^n이다.

즉, $|A|=n,\quad |P(A)|=2^n\quad (\because {}_nC_0+{}_nC_1+{}_nC_2+\cdots+{}_nC_n=2^n)$

멱집합과 같이 원소들이 집합으로 이루어진 집합을 **집합족**(family of sets)이라 한다. 집합 $A_1, A_2, \cdots, A_n$에 대하여 이를 원소로 갖는 집합 $\{A_1, A_2, \cdots, A_n\}$에서 집합의 아래에 붙은 1, 2, 3, ...을 **첨자**(index)라 한다. 이것을 일반화하면, 공집합이 아닌 집합 I가 있을 때 I의 각 원소 i에 대하여 집합 A_i를 대응시켜 이들을 원소로 갖는 집합족을 구성할 수 있다. 즉, $\{A_i\}_{i\in I}=\{A_i|i\in I\}$이다. 여기서 I를 **첨자집합**(index set), $\{A_i\}_{i\in I}$를 **첨자화된 집합족**(indexed family of sets)이라 한다.

예 (1) 첨자집합 $I=\{1,2,3,4,5\}$라 할 때, 첨자는 1, 2, 3, 4, 5이고, 첨자화된 집합족은 $\{A_i\}_{i\in I}=\{A_1, A_2, A_3, A_4, A_5\}$이다.

(2) $I=\mathrm{N}$일 때, 첨자화된 집합족은$\{A_i\}_{i\in \mathrm{N}}$은 $\{A_i\}_{i=1}^{\infty}$ 또는 $\{A_1, A_2, A_3, \cdots\}$이다.

(3) $n\in\mathrm{N}$일 때, $A_n=\{x\in\mathrm{N}\,|\,n\le x\}$이라 하면 $A_3=\{3,4,5,\cdots\}$, $A_5=\{5,6,7,\cdots\}$이다.

첨자화된 집합족 $\{A_i\}_{i\in I}$의 합집합과 교집합을 다음과 같이 정의한다.

- **합집합** : $\bigcup_{i\in I}A_i=\bigcup\{A_i|i\in I\}=\{x\,|\,\exists\, i\in I, x\in A_i\}$
- **교집합** : $\bigcap_{i\in I}A_i=\bigcap\{A_i|i\in I\}=\{x\,|\,\forall\, i\in I, x\in A_i\}$

즉, $\bigcup_{i\in I}A_i$는 각 A_i에 속하는 모든 원소를 포함하는 집합이고, $\bigcap_{i\in I}A_i$는 모든 A_i에 공통으로 속하는 원소들의 집합이다,

$I=\{1,2,\cdots,n\}$일 때, $\bigcup_{i\in I}A_i=\bigcup_{i=1}^{n}A_i$, $\bigcap_{i\in I}A_i=\bigcap_{i=1}^{n}A_i$로 나타내고.

$I=\mathrm{N}$일 때, $\bigcup_{i\in I}A_i=\bigcup_{i=1}^{\infty}A_i$, $\bigcap_{i\in I}A_i=\bigcap_{i=1}^{\infty}A_i$로 나타낸다.

예 (1) $I=\{1,2,3,4,5\}$이고, $A_1=\{2,4,6\}$, $A_2=\{3,4,5\}$, $A_3=\{2,4,8\}$, $A_4=\{1,4,7\}$, $A_5=\{4,8\}$일 때 $\bigcup_{i\in I} A_i=\bigcup_{i=1}^{5} A_i=\{1,2,3,4,5,6,7,8\}$이고, $\bigcap_{i\in I} A_i=\bigcap_{i=1}^{5} A_i=\{4\}$이다.

(2) $I=\mathbb{N}$이고 $\forall i\in\mathbb{N}$, $A_i=\{x\in\mathbb{N}\mid x\le i\}$이라 하면 $\bigcup_{i=1}^{\infty} A_i=\mathbb{N}$이고 $\bigcap_{i=1}^{\infty} A_i=\{1\}$이다.

정리 1.2.2 (일반화된 드 모르간의 법칙)

공집합이 아닌 집합 I를 첨자집합이라 하자. 첨자화된 집합족 $\{A_i\}_{i\in I}$에 대하여 다음이 성립한다.

(1) $\left(\bigcup_{i\in I} A_i\right)^c=\bigcap_{i\in I} A_i^c$ (2) $\left(\bigcap_{i\in I} A_i\right)^c=\bigcup_{i\in I} A_i^c$

정리 1.2.3 (일반화된 분배법칙)

집합 A와 첨자집합 I, 첨자화된 집합족 $\{B_i\}_{i\in I}$에 대하여 다음이 성립한다.

(1) $A\cap\left(\bigcup_{i\in I} B_i\right)=\bigcup_{i\in I}(A\cap B_i)$ (2) $A\cup\left(\bigcap_{i\in I} B_i\right)=\bigcap_{i\in I}(A\cup B_i)$

연습문제 Ⅰ-2

1 100 이하의 자연수 중 7로 나눈 나머지가 3인 수들의 집합을 A, 5로 나눈 나머지가 2인 수들의 집합을 B라 할 때, 집합 $A\cup B$의 원소의 개수를 구하시오.

2 A, B, C가 집합일 때 다음을 증명하시오.

(1) $A-B=A-(B\cap A)$

(2) $A\cap(B-C)=(A\cap B)-(A\cap C)$

(3) $A-B-C=A-(B\cup C)$

(4) $(A-C)\cup(B-C)=(A\cup B)-C$

3 A, B, C가 전체집합 U의 부분집합일 때 다음을 증명하시오.

(1) $A\cap(A^c\cup B)=A\cap B$

(2) $(A\cap B)\cup(A\cap B^c)=A$

(3) $(A\cup B\cup C)^c=A^c\cap B^c\cap C^c$

4 $A=\{1,2,3,4\}$일 때, A의 멱집합 $P(A)$를 모두 구하시오.

5 $I=\{1,2,3,4\}$, $A_1=\{a,b,c,d\}$, $A_2=\{b,c,d\}$, $A_3=\{a,b,c\}$, $A_4=\{a,b\}$에 대하여 다음을 구하시오.

(1) $\bigcup_{i=1}^{4} A_i$　　(2) $\bigcap_{i=1}^{4} A_i$

6 $\forall i\in\mathbb{N}$에 대하여 $A_i=\{x\in\mathbb{N}\mid x\text{는 } i\text{의 약수}\}$일 때, 다음을 구하시오.

(1) $A_3\cup A_5$　　(2) $A_4\cap A_6$

(3) $\bigcup_{i=1}^{\infty} A_i$　　(4) $\bigcap_{i=1}^{\infty} A_i$

7 $\forall i \in \mathrm{N}$ 에 대하여 $A_i = \left\{x \in \mathbb{R} \mid 0 < x < \dfrac{1}{i}\right\}$일 때, 다음을 구하시오.

(1) $A_2 \cup A_6$ (2) $A_4 \cap A_7$

(3) $\bigcup_{i=1}^{\infty} A_i$ (4) $\bigcap_{i=1}^{\infty} A_i$

8 $\forall a, b \in \mathbb{R}$ 에 대하여 폐구간 $[a, b]$는 집합 $\{x \in \mathbb{R} \mid a \le x \le b\}$을 뜻한다. 여기서 $a > b$이면 $[a, b] = \varnothing$ 으로 정한다. 다음을 구하시오.

(1) $\bigcap_{n \in \mathrm{N}} \left[0, \dfrac{1}{n}\right]$ (2) $\bigcup_{n \in \mathrm{N}} \left[0, \dfrac{1}{n}\right]$ (3) $\bigcap_{n=1}^{99} \left[0, \dfrac{1}{n}\right]$

9 $I = \{1, 2, 3\}$, $J = \{0, 1\}$이고, $i \in I$, $j \in J$에 대하여 각각 $A_i = (0, i)$, $B_j = [j, j+1]$이라 할 때 다음 두 집합을 구하고, 이들이 같음을 보이시오.

$$\left(\bigcap_{i \in I} A_i\right) \cup \left(\bigcap B_j\right)\text{와} \quad \bigcap_{(i,j) \in I \times J} (A_i \cup B_j)$$

10 차집합과 여집합을 비교하여 설명하시오.

II 수의 체계

1. 자연수와 정수 | 2. 유리수와 실수 | 3. 복소수

1 자연수와 정수

이 절에서는 **자연수**(natural number)와 **정수**(integer)의 기본 성질을 다룬다. 자연수는 페아노(Peano, G. 1858~1932)가 공리계를 사용하여 정의한다. 페아노 공리계에 의하면 모든 자연수 n 에 대하여 그 다음 자연수 $n+1$이 존재하는데, 이를 n의 (직)**후자**(immediate successor)라고 한다.

A를 정수 집합 $\mathbb{Z}$의 부분집합이라 하자. 만일 어떤 m이 존재하여 $\forall a \in A,\ m \le a$를 만족하면 A는 **아래로 유계**(bounded below)라고 한다. 또 적당한 $a_0 \in A$가 존재하여 모든 $a \in A$에 대해 $a_0 \le a$를 만족하면 a_0를 A의 **최소원**(minimum)이라 한다.

정수 집합 $\mathbb{Z}$는 다음 성질을 갖는데 이것을 정수의 **정렬성**(Well-Ordering Property)이라 한다.

■ **정수의 정렬성**

정수 전체의 집합 $\mathbb{Z}$의 공집합이 아니고 아래로 유계인 부분집합은 항상 최소원을 갖는다.

다음의 수학적 귀납법의 원리는 정수의 정렬성을 이용하여 증명할 수 있다.

[수학적 귀납법의 원리]

S가 N의 부분집합으로 다음 두 조건이 성립하면 $S=\mathrm{N}$이다.

(i) $1 \in S$이다.

(ii) 임의의 $k \in S$에 대하여 $k+1 \in S$이다.

증명 S가 (i), (ii)를 만족할 때, $S \neq \mathrm{N}$이면 $\varnothing \neq \mathrm{N}-S \subseteq \mathbb{Z}$이다. 정수의 정렬성에 의해 $\mathrm{N}-S$는 최소원을 갖고, 이것을 a라고 하자. (i)에 의하여 $1 \in S$이므로 $a \neq 1$이다. 따라서 $a-1>0$이므로 $a-1 \in \mathrm{N}$이다.
또한 a가 $\mathrm{N}-S$의 최소원이므로 $a-1 \notin \mathrm{N}-S$이다. 따라서 $a-1 \in S$이고 (ii)에 의하여 $a=(a-1)+1 \in S$이다. 이것은 $a \in \mathrm{N}-S$라는 사실에 모순이므로 $S=\mathrm{N}$이다.

정리 2.1.1 **[수학적 귀납법(1)]**

자연수 집합에서 명제함수 $p(x)$가 다음 두 조건이 성립하면 $\forall n \in \mathrm{N},\ p(n)$이 참이다.

(i) $p(1)$이 참이다.

(ii) $\forall k \in \mathbb{N}$, $p(k)$가 참이면 $p(k+1)$도 참이다.

따름정리 2.1.2 **[수학적 귀납법(2)]**

정수 집합에서 명제함수 $p(x)$가 다음 두 조건이 성립하고 $m \in \mathbb{Z}$일 때, $n \geq m$인 모든 자연수 n에 대하여 $p(n)$이 참이다.

(i) $p(m)$이 참이다.

(ii) $k \geq m$인 모든 자연수 k에 대하여 $p(k)$가 참이면 $p(k+1)$도 참이다.

예제 1 수학적 귀납법을 이용하여 모든 자연수 n에 대하여 다음이 성립함을 보이시오.

(1) $r \neq 1$일 때, $1+r+r^2+\ \cdots\ +r^n = \dfrac{1-r^{n+1}}{1-r}$

(2) 4 이상의 모든 자연수 n에 대하여 $2^n \geq n^2$이다.

풀이 (1) 먼저 $p(n) = 1+r+r^2+\ \cdots\ +r^n = \dfrac{1-r^{n+1}}{1-r}$이라 하자.

(i) $n=1$, $p(1) = 1+r = \dfrac{1-r^2}{1-r}$이므로 $p(1)$이 성립한다.

(ii) $p(k)$가 참이라고 가정하면 $p(k) = 1+r+r^2+\ \cdots\ +r^k = \dfrac{1-r^{k+1}}{1-r}$ 이므로 아래와 같이 $p(k+1)$도 참임을 보일 수 있다.

$$\begin{aligned} p(k+1) &= 1+r+r^2+\ \cdots\ +r^k+r^{k+1} = \frac{1-r^{k+1}}{1-r}+r^{k+1} \\ &= \frac{1-r^{k+2}}{1-r} \end{aligned}$$

즉, $p(k+1)$도 참이다.

따라서 (i), (ii)에 의해 모든 자연수 n에 대하여 $p(n)$이 참이다.

(2) 먼저 $p(n) : 2^n \geq n^2$이라 하자.

(i) $n=4$, $2^4 = 4^2 = 16$이므로 $p(4)$가 성립한다.

(ii) $p(k)$가 참이라고 가정하면 $2^k \geq k^2$이 성립하므로 아래와 같이 $p(k+1)$도 참이다.

$k^2-2k-1 = (k-1)^2-2 \geq 3^2-2 > 0$이다. $k^2 > 2k+1$이므로

$2^{k+1} = 2 \cdot 2^k \geq 2 \cdot k^2 = k^2 + k^2 > k^2 + 2k + 1 = (k+1)^2$이다.

따라서 (i), (ii)에 의해 $\forall n (\in \mathbb{N}) \geq 4$, $2^n \geq n^2$이 참이다.

다음은 나눗셈 정리(Division Algorithm)로 불리는데 증명은 생략한다.

> **정리 2.1.3** **[나눗셈 정리]**
> 두 정수 $a, b\,(b \neq 0)$에 대하여 $a = bq + r$, $0 \leq r < |b|$를 만족시키는 정수 q, r이 유일하게 존재한다.

나눗셈 정리에서 q는 a를 b로 나눌 때의 **몫**(quotient), r은 a를 b로 나눌 때의 **나머지**(remainder) 라고 한다. $a = bq$, 즉 a를 b로 나눈 나머지가 0일 때, a는 b로 **나누어떨어진다고** 하고, 이때 a는 b의 **배수**(multiple), b는 a의 **약수**(divisor) 또는 **인수**(factor) 라고 하며 $b \mid a$로 나타낸다. 또 a가 b로 나누어떨어지지 않을 때는 $b \nmid a$로 나타낸다.

예 $-41 = (-6) \cdot 7 + 1$: -41을 -6으로 나눈 몫은 7, 나머지는 1

$41 = (-6) \cdot (-6) + 5$: -6으로 나눈 몫은 -6, 나머지는 5

> **정리 2.1.4** $a, b, c \in \mathbb{Z}$
> (1) $a \mid 0$, $1 \mid a$, $a \mid a$
> (2) $a \mid b \wedge b \mid c \Rightarrow a \mid c$
> (3) $a \mid b \wedge b \mid a \Rightarrow a = \pm b$
>
> **증명** (2) $a \mid b \wedge b \mid c$이므로 나눗셈 정리에 의해 $b = ap$, $c = bq$인 정수 p, q가 존재한다. $a = 0$이면 $b = 0 = a$이다. $a \neq 0$이면 $c = bq = apq$이므로, $a \mid apq$이다. 즉, $a \mid c$이다.
>
> (3) $a \mid b \wedge b \mid a$이므로 $a = bp$, $b = aq$인 정수 p, q가 존재한다. $a = 0$이면 $b = 0 = a$이다. $a \neq 0$이면 $a = bp = apq$에서 $pq = 1$이다. 곱해서 1이 되는 정수는 ± 1이므로 $p = \pm 1$이다. 즉, $a = \pm b$이다.

$a_1, a_2, \cdots, a_n \in \mathbb{Z}$에 대해 $d \mid a_i\ (i = 1, 2, \cdots, n)$를 만족하는 정수 d를 $a_1, a_2, \cdots, a_n$의 **공약수**(common divisor)라 한다. 어떤 0 이상의 정수 g가 다음 두 조건을 만족하면 g를 $a_1, a_2, \cdots, a_n$의 **최대공약수**(greatest common divisor)라 하고 $g = (a_1, a_2, \cdots, a_n)$로 나타낸다.

① g는 $a_1, a_2, \cdots, a_n$의 공약수이고,

② 만일 d가 $a_1, a_2, \cdots, a_n$의 공약수이면 $d \mid g$이다.

또한, $a_1, a_2, \cdots, a_n \in \mathbb{Z}$에 대해 $a_i \mid m \ (i = 1, 2, \cdots, n)$를 만족하는 정수 m을 $a_1, a_2, \cdots, a_n$의 **공배수**(common multiple)라 한다. 어떤 0 이상의 정수 l이 다음 두 조건을 만족하면 l을 $a_1, a_2, \cdots, a_n$의 **최소공배수**(least common multiple)라 하고 $l = [a_1, a_2, \cdots, a_n]$로 나타낸다.

① l는 $a_1, a_2, \cdots, a_n$의 공배수이고,

② 만일 m이 $a_1, a_2, \cdots, a_n$의 공배수이면 $l \mid m$이다.

위의 정의에 따라서 정수 $a_1, a_2, \cdots, a_n$의 최대공약수는 모든 공약수의 배수이며, 최소공배수는 모든 공배수의 약수임을 알 수 있다.

임의의 정수 n에 대하여 n의 배수 전체의 집합을 다음과 같이 $n\mathbb{Z}$로 나타낸다.

$$n\mathbb{Z} = \{kn \mid k \in \mathbb{Z}\}$$

또, A, B가 공집합이 아닌 정수 집합 $\mathbb{Z}$의 부분집합일 때 $A+B$를 다음과 같이 정의한다.

$$A + B = \{x + y \mid x \in A,\ y \in B\}$$

다음 정리는 유클리드 호제법(互除法, Euclidean Algorithm)이라 하고, 증명은 생략한다. 이것은 최대공약수를 구하는 데 유용하다.

정리 2.1.5 [유클리드 호제법]

$a, b(b \neq 0) \in \mathbb{Z}$에 대하여 a를 b로 나눈 몫을 q_1, 나머지를 r_1이라 한다. b를 r_1으로 나눈 몫을 q_2, 나머지를 r_2로 두고, 이것을 계속하여 r_{k-1}을 r_k로 나눈 몫을 q_{k+1}, 나머지를 r_{k+1}로 둘 때 r_{n-1}을 r_n으로 나누어떨어진다고 하자.

즉,
$$\begin{aligned}
a &= bq_1 + r_1, & 0 < r_1 < |b| \\
b &= r_1q_2 + r_2, & 0 < r_2 < r_1 \\
r_1 &= r_2q_3 + r_3, & 0 < r_3 < r_2 \\
&\ \vdots & \vdots \\
r_{n-2} &= r_{n-1}q_n + r_n, & 0 < r_n < r_{n-1}
\end{aligned}$$

$r_{n-1} = r_nq_{n+1}$이면 $r_n = (a, b)$이다.

예제 2 324와 792의 최대공약수 d를 구하고 d = 324s + 792t를 만족하는 두 정수 s, t를 구하시오.

풀이
$$
\begin{aligned}
792 &= \underline{324}\times 2 + 144 \\
324 &= \underline{144}\times 2 + 36 \\
144 &= 36\times 4 \qquad\qquad \therefore\ d=36 \\
36 &= 324 - 144\times 2 \\
&= 324 - (792 - 324\times 2)\times 2 \\
&= 324 \times 5 + 792 \times (-2)
\end{aligned}
$$
$\therefore$ d = 324 × 5 + 792 × (−2), 즉 s = 5, t = −2,

$n \geq 2$, $a_1, a_2, \cdots, a_n \in \mathbb{Z}$일 때, $(a_1, a_2, \cdots, a_n) = 1$이면, $a_1, a_2, \cdots, a_n$은 **서로소**(relatively prime)라고 하고, $1 \leq i, j \leq n$인 모든 $i \neq j$에 대하여 $(a_i, a_j) = 1$이면 $a_1, a_2, \cdots, a_n$은 **쌍마다 서로소**(relatively prime in pair)라고 한다. 또한, 1보다 큰 정수 p의 양의 약수가 1과 p 뿐이면 p를 **소수**(素數, pime number)라고 한다.

정리 2.1.6

$a, b \in \mathbb{Z}$일 때 다음은 서로 동치이다.

(1) a, b는 서로소, 즉 $(a, b) = 1$이다.

(2) $a\mathbb{Z} + b\mathbb{Z} = \mathbb{Z}$이다.

(3) $as + bt = 1$을 만족하는 정수 s, t가 존재한다.

1보다 큰 자연수를 **소수의 곱**으로 나타내는 것을 **소인수분해**(素因數分解)라 하고, 다음 정리를 **산술의 기본정리**(Fundamental Theorem of Arithmetic)라 한다.

정리 2.1.7 **[산술의 기본정리]**

1보다 큰 자연수는 유일한 방법으로 소인수분해된다.

즉, 곱하는 순서를 무시하면 유일한 소수들의 곱으로 나타낼 수 있다.

위의 정리에서 n의 서로 다른 소인수들을 $p_1, p_2, \cdots, p_k$라고 할 때, 같은 소인수들의 곱을 거듭제곱으로 나타내면, n의 소인수분해는 다음과 같은 형태로 나타낼 수 있다.

$$n = p_1^{\alpha_1} p_2^{\alpha_2} \cdots p_k^{\alpha_k} \quad (\alpha_1, \alpha_2, \ldots, \alpha_k \geq 1)$$

연습문제 II-1

1 모든 자연수 n에 대하여 다음이 성립함을 보이시오.

(1) $1+2+3+\cdots+n=\dfrac{n(n+1)}{2}$

(2) $1+3+5+\cdots+(2n-1)=n^2$

(3) $1\cdot2+2\cdot3+\cdots+n(n+1)=\dfrac{1}{3}n(n+1)(n+2)$

(4) $\dfrac{1}{1\cdot2}+\dfrac{1}{2\cdot3}+\cdots+\dfrac{1}{n(n+1)}=\dfrac{n}{n+1}$

2 두 정수 a, b에 대하여 a를 b로 나눈 몫과 나머지를 구하시오.

(1) $a=57,\quad b=-18$

(2) $a=-214,\quad b=-38$

(3) $a=-5,\quad b=12$

3 a, b가 0이 아닌 정수일 때 $ab=(a,b)[a,b]$가 성립함을 보이시오.

4 두 정수 a, b에 대하여 (a,b)를 구하고 $(a,b)=as+bt$인 두 정수 s, t를 구하시오.

(1) $a=18,\ b=32$

(2) $a=13,\ b=-74$

(3) $a=710,\ b=68$

5 a, b가 정수일 때 다음이 성립함을 보이시오.

(1) $a\mid1$이면, $a=1$ 또는 $a=-1$

(2) $a\mid b$이고 $b\mid a$이면, $a=b$ 또는 $a=-b$

6 a, b, c가 정수일 때 다음이 성립함을 보이시오.

(1) $(a, a+b)=(a,b)$이다.

(2) $(a,b)=1$이고 $c\mid a$이면 $(c,b)=1$이다.

(3) $ac\mid bc$이고 $c\neq0$이면 $a\mid b$ 이다.

2 유리수와 실수

정수와 정수의 비로 나타낼 수 있는 수, 즉 $\frac{a}{b}$ $(a,b\in\mathbb{Z},\ b\neq 0)$의 꼴로 나타낼 수 있는 수를 **유리수**(有理數, rational number)라 한다. 이때 다음과 같이 정의한다.

$$\frac{a}{b}=\frac{c}{d} \Leftrightarrow ad=bc \quad (a,b,c,d\in\mathbb{Z},\ b\neq 0\neq d)$$

따라서 모든 유리수는 분모, 분자가 서로소인 기약분수로 나타낼 수 있다.

$$\mathbb{Q}=\left\{\frac{a}{b}\mid a,b\text{는 서로소인 정수}\right\}$$

유리수 집합 $\mathbb{Q}$에서 정수 a를 $\frac{a}{1}$와 같은 것으로 보면 정수 집합 $\mathbb{Z}$는 $\mathbb{Q}$의 부분집합이 되고, $\mathbb{Q}$는 실수 집합 $\mathbb{R}$의 부분집합이 된다. 즉, $\mathbb{Z}\subset\mathbb{Q}\subset\mathbb{R}$ 이다. 다음 예제에서 $\mathbb{Q}\neq\mathbb{R}$ 임을 확인할 수 있다.

예제 1 $x^2=2$ 인 유리수 x는 존재하지 않음을 보이시오.

풀이 $x^2=2$ 를 만족하는 유리수 $x=\frac{a}{b}(a,b\in\mathbb{Z},\ (a,b)=1)$가 존재한다고 가정하자. $x^2=\left(\frac{a}{b}\right)^2=2$이므로 $a^2=2b^2$은 짝수이다. 그런데 홀수의 제곱은 홀수이므로 a는 짝수이다. $a=2k\,(k\in\mathbb{Z})$라고 하면 $2b^2=a^2=4k^2$가 성립한다. 따라서 $b^2=2k^2$도 짝수이므로 b도 짝수이다. 즉, a,b 모두 짝수이다. 그런데 a,b와 서로소라는 가정에 모순이므로 $x^2=2$를 만족하는 유리수 x는 존재하지 않는다.

$\sqrt{2}$와 같이 유리수가 아닌 실수를 **무리수**(無理數, irrational number)라 하고, 무리수 집합을 보통 유리수의 여집합 $\mathbb{Q}^c$로 나타낸다. 따라서 유리수 집합과 무리수 집합의 합집합이 실수 집합이다. 즉, $\mathbb{Q}^c\cup\mathbb{Q}=\mathbb{R}$ 이다.

실수 집합에 덧셈과 곱셈을 정의하면 $\mathbb{R}$은 다음과 같은 대수적 성질을 갖는다.

■ 실수의 대수적 성질

(R1) $\forall a,b\in\mathbb{R}$, $\quad a+b=b+a$ (덧셈에 대한 교환법칙)

(R2) $\forall a,b,c\in\mathbb{R}$, $\quad (a+b)+c=a+(b+c)$ (덧셈에 대한 결합법칙)

(R3) $\exists 0 \ s.t.$ $\forall a \in \mathbb{R}$, $a+0=0+a=a$ (덧셈에 대한 항등원)

(R4) $\exists -a \in \mathbb{R} \ s.t.$ $\forall a \in \mathbb{R}$, $a+(-a)=(-a)+a=0$ (덧셈에 대한 역원)

(R5) $\forall a, b \in \mathbb{R}$, $ab=ba$ (곱셈에 대한 교환법칙)

(R6) $\forall a, b, c \in \mathbb{R}$, $(ab)c=a(bc)$ (곱셈에 대한 결합법칙)

(R7) $\exists 1 \ s.t.$ $\forall a(\neq 0) \in \mathbb{R}$, $a \cdot 1 = 1 \cdot a = a$ (곱셈에 대한 항등원)

(R8) $\exists a^{-1} \in \mathbb{R} \ s.t.$ $\forall a(\neq 0) \in \mathbb{R}$, $aa^{-1}=a^{-1}a=1$ (곱셈에 대한 역원)

(R9) $\forall a, b, c \in \mathbb{R}$, $(a+b)c=ac+bc$, $a(b+c)=ab+ac$ (분배법칙)

일반적으로 (R1)~(R9)를 만족시키는 대수적 구조를 **체**(體, field)라 하는데, 유리수 집합 $\mathbb{Q}$도 체임을 확인할 수 있지만, 정수 $\mathbb{Z}$는 체가 아니다. 예를 들어, 정수 2의 곱셈에 대한 역원이 $\mathbb{Z}$에 존재하지 않기 때문이다.

■ 실수의 순서에 대한 성질

실수의 집합에는 다음 성질을 만족하는 부분집합 $P(\forall a, b \in P \subseteq \mathbb{R})$가 존재한다.

(O1) $\forall a, b \in P \ \Rightarrow \ a+b \in P$

(O2) $\forall a, b \in P \ \Rightarrow \ ab \in P$

(O3) $a \in P$, $-a \in P$, 또는 $a=0$의 세 가지 중 하나만 성립하다.

일반적으로 위의 (O1)~(O3)를 만족하는 체를 **순서체**(ordinal field)라 한다. 따라서 $\mathbb{Q}$와 $\mathbb{R}$은 모두 순서체이다. 여기에서 실수의 대소관계를

$$a < b \ \Leftrightarrow \ b-a \in P \quad \& \quad a \leq b \ \Leftrightarrow \ a < b \ \text{또는} \ a=b$$

로 정의하면 양의 실수 집합은 $P=\{x \in \mathbb{R} \mid x>0\}$가 된다. 또 다음이 성립함을 알 수 있다.

정리 2.2.1 $\forall a, b, c \in \mathbb{R}$에 대하여 다음이 성립한다.

(1) $a<b$, $a=b$, $b<a$의 세 가지 중 어느 하나만 성립한다.

(2) $a \leq b \ \Leftrightarrow \ b-a \geq 0$

(3) $a>0 \ \Leftrightarrow \ -a<0$

(4) $a \leq b \ \Leftrightarrow \ a+c \leq b+c$

(5) $a \leq b \wedge c>0 \ \Leftrightarrow \ ac \leq bc$

증명 (1) (O3)으로부터 자명하다.

(2) $a<b \Leftrightarrow b-a \in P \Leftrightarrow b-a>0$이고, $a=b \Leftrightarrow b-a=0$이다. 따라서

$a \le b \Leftrightarrow a < b \lor a = b \Leftrightarrow b - a > 0 \lor b - a = 0 \Leftrightarrow b - a \ge 0$이다.

(3) (2)에서 $a > 0 \Leftrightarrow 0 - (-a) = a \in P \Leftrightarrow -a < 0$이다.

(4) $a \le b$이면 $(b+c)-(a+c) = b-a \ge 0$이므로 $a+c \le b+c$이다.

(5) $a \le b \land c > 0$이면 $a = b \lor a < b$이다. $a = b$이면 $ac = bc$이다. $a < b$이면 $b - a \in P$이고 $c \in P$이므로 (O2)에 의해 $bc - ac = (b-a)c \in P$이다. 즉, $ac < bc$이다. 그러므로 어느 경우이든 $ac \le bc$이다.

$A \subset \mathbb{R}$, $a_0 \in A$가 존재하여 $\forall a \in A$, $a_0 \le a$를 만족하면, a_0를 A의 **최소원**(minimum) 또는 **최솟값**이라 하고 $\min A$로 나타낸다. 마찬가지로 $\forall a \in A$, $a \le a_0$를 만족하면, a_0를 A의 **최대원**(maximum) 또는 **최댓값**이라 하고 $\max A$로 나타낸다.

또한, $l \in \mathbb{R}$, $\forall a \in A$, $l \le a$를 만족하면 l을 A의 **하계**(lower bounded)라 한다. 하계를 가지는 집합을 **아래로 유계**(bounded below)라고 한다. A의 하계 전체 집합의 최대원이 존재하면 이것을 A의 **하한**(infimum) 또는 **최대하계**(greatest lower bound)라 하고 $glbA$ 또는 $\inf A$로 나타낸다.

마찬가지로, $u \in \mathbb{R}$, $\forall a \in A$, $a \le u$를 만족하면 u를 A의 **상계**(upper bounded)라 한다. 상계를 가지는 집합을 **위로 유계**(bounded above)라고 한다. A의 상계 전체의 집합의 최소원이 존재하면 이것을 A의 **상한**(supremum) 또는 **최소상계**(least upper bound)라 하고 $lubA$ 또는 $\sup A$로 나타낸다. A의 최소원(최대원)이 존재하면 그것이 A의 최대하계(최소상계)가 됨은 명백하다. 위로 유계인 동시에 아래로 유계인 집합을 **유계집합**(bounded set)이라 한다.

예제 2 다음 집합의 최소원, 최대원, 상한, 하한을 구하시오,

(1) $a < b$, $A = [a, b]$, $B = (a, b)$

(2) $A = \left\{1, \frac{1}{2}, \frac{1}{3}, \cdots, \frac{1}{n}, \cdots\right\}$

(3) $\mathbb{N} = \{1, 2, 3, \cdots\}$

풀이 (1) $\forall x \in A$, $a \le x \le b$이므로 a는 A의 하계, b는 A의 상계이다.
또한, $\forall x \in B$, $a < x < b$이므로 a는 B의 하계, b는 B의 상계이다.
따라서 A, B는 위로 유계인 동시에 아래로 유계이므로 유계집합이다.
A, B의 상계 집합은 $\{x \mid x \ge b\}$로 같고, 이 집합의 최솟값은 b이다.
A, B의 하계 집합은 $\{x \mid x \le a\}$로 같고, 이 집합의 최댓값은 a이다.
즉, $\inf(a,b) = \inf[a,b] = a = \min[a,b]$이고 $\sup(a,b) = \sup[a,b] = b = \max[a,b]$이다. 그런데, $a, b \in A$이므로 $a = \max A$, $b = \max A$이지

만 $a, b \not\in B$ 이므로 B의 최솟값과 최댓값은 존재하지 않는다.

(2) $\forall x \in A,\ 0 < x \leq 1$ 이므로 0은 A의 하계, 1은 A의 상계이다.
따라서 A는 위로 유계인 동시에 아래로 유계이므로 유계집합이다.
A의 상계 집합은 $\{x \mid x \geq 1\}$이고, 이 집합의 최솟값은 1이다.
A의 하계 집합은 $\{x \mid x \leq 0\}$이고, 이 집합의 최댓값은 0이다.
즉, $\max A = \sup A = 1,\ \inf A = 0\quad (\text{cf. } 1 \in A,\ \ 0 \notin A)$

(3) $\mathbb{N}$ 은 아래로 유계이지만 위로 유계는 아니다.
$\min\mathbb{N} = \inf\mathbb{N} = 1$이고 $\max\mathbb{N}$와 $\sup\mathbb{N}$은 존재하지 않는다.

다음은 **완비성 공리**(Completeness Axiom)로 불리는데 실수의 성질 중 가장 기본적이고 중요한 성질 중의 하나이다.

> **■ 완비성 공리**
> 위로 유계이고 공집합이 아닌 $\mathbb{R}$의 부분집합은 최소상계를 가진다.

예제 3 아래로 유계이고 공집합이 아닌 $\mathbb{R}$ 의 부분집합은 최대하계를 가짐을 보이시오.

풀이 $S(\neq \varnothing)$를 $\mathbb{R}$ 의 아래로 유계인 부분집합이라 하자. $-S$는 위로 유계이므로 완비성 공리에 의하여 $-S$의 최소상계 a가 존재한다. 따라서

$$\inf S = -\sup(-S) = -a$$

예제 4 다음 집합의 상한과 하한을 구하시오.

(1) $A = \{x \in \mathbb{R} \mid x^2 < 2\}$ (2) $A = \left\{n + (-1)^n \dfrac{1}{n} \mid n \in \mathbb{N}\right\}$

풀이 (1) $A = (-\sqrt{2}, \sqrt{2})$는 유계집합이므로 상한과 하한 모두 존재한다.
상한과 하한은 각각 $\sup A = \sqrt{2},\ \inf A = -\sqrt{2}$이다.

(2) $A = \left\{1 - \dfrac{1}{1}, 2 + \dfrac{1}{2}, \cdots, n + (-1)^n \dfrac{1}{n}, \cdots\right\} = \left\{0, \dfrac{5}{2}, \dfrac{8}{3}, \dfrac{17}{4}, \cdots\right\}$는 아래로 유계이므로 하한이 존재하고 $\inf A = 0$이다.

만일 $A=\{x\in\mathbb{Q} \mid x^2<2\}$라고 하면 $\sqrt{2}$, $-\sqrt{2}$가 유리수 집합 $\mathbb{Q}$에 포함되지 않으므로 상한과 하한을 갖지 못한다. 따라서 $\mathbb{R}$은 완비인 순서체이고 $\mathbb{Q}$는 완비가 아닌 순서체이다.

완비성 공리를 이용하여 다음 아르키메데스 성질을 증명할 수 있다.

정리 2.2.2 [아르키메데스의 성질]

임의의 실수 x에 대하여 $x<n$인 자연수 n이 존재한다.

증명 결론을 부정하면 적당한 실수 x가 존재하여 모든 자연수 n에 대하여 $n\le x$이다. 따라서 x는 자연수 집합 N의 상계이다. 그러므로 N은 위로 유계이고, 완비성 공리로부터 N의 최소상계 x_0가 존재한다. x_0-1은 N의 최소상계가 될 수 없으므로 $x_0-1<m$을 만족하는 자연수 m이 존재한다. 그런데 $x_0=(x_0-1)+1<m+1$이고, $m+1\in\mathrm{N}$이므로 x_0는 N의 상계가 아니다. 이것은 모순이므로 이 정리는 참이다.

따름정리 2.2.3 실수 $x>0$이면 $0<\dfrac{1}{n}<x$를 만족하는 자연수 n이 존재한다.

증명 x가 양의 실수이므로 아르키메데스 성질에 의해 $\dfrac{1}{x}<n$을 만족하는 자연수 n이 존재한다. 따라서 $\dfrac{1}{n}<x$가 성립하고 이것은 $0<\dfrac{1}{n}<x$이다.

임의의 두 실수 사이에 유리수가 존재하는 것을 유리수의 **조밀성**(denseness)이라 한다.

정리 2.2.4 [유리수의 조밀성]

$a,b\in\mathbb{R}$, $a<b$이면 $a<r<b$인 유리수 r이 존재한다.

연습문제 II-2

1 $x^2 = 3$을 만족하는 유리수 x는 존재하지 않음을 보이시오.

2 실수의 대수적인 성질을 이용하여 $\forall a \in \mathbb{R}$에 관해 다음이 성립함을 보이시오.

(1) $a \cdot 0 = 0 \cdot a = 0$

(2) $(-a) \cdot (-a) = a^2$

3 실수 a에 대하여 $|a|$를 $a \geq 0$이면 $|a| = a$, $a < 0$이면 $|a| = -a$로 정의한다. $\forall a, b \in \mathbb{R}$에 대해 $|a+b| \leq |a| + |b|$임을 보이시오.

4 다음 각 집합 S에 대하여 $\sup S$, $\inf S$가 존재하는지 말하고, 존재하면 구하시오.

(1) $S = (0, 1]$

(2) $S = \{x \in \mathbb{R} \mid x^3 < 8\}$

(3) $S = \left\{n \in \mathbb{N} \mid 1 - \frac{1}{n}\right\}$

(4) $S = \{x \in \mathbb{R} \mid \sin x\}$

5 위의 문제 4의 각 S에 대하여 $\sup(-S)$, $\inf(-S)$가 존재하는지 말하고, 존재하면 구하시오. 또 $\sup(-S) = -\inf S$, $\inf(-S) = -\sup S$가 성립함을 보이시오.

6 임의의 실수 a, b, c에 대하여 다음이 성립함을 보이시오.

(1) $a \leq b \wedge c < 0 \Rightarrow ac \geq bc$

(2) $0 < a \leq b \Rightarrow 0 < \frac{1}{b} < \frac{1}{a}$

(3) $a^2 \geq 0$

7 $a < b$인 두 실수 a, b에 대하여 $a < x < b$를 만족하는 유리수 x가 무수히 많음을 보이시오.

3 복소수

실수 집합 $\mathbb{R}$은 음수의 제곱근이 존재하지 않는다. 음수의 제곱근을 정의해서 실수 집합 $\mathbb{R}$을 확장하여 복소수 집합을 만들어 보자.

제곱해서 -1이 되는 새로운 수 $\sqrt{-1}$을 i로 나타내고 이것을 허수단위라 한다. 임의의 실수 a, b에 대하여 $a+bi$ 형태로 나타내는 수를 **복소수**(complex number)라 한다. 복소수 $z=a+bi$에서 a를 **실수부**(real part), b를 **허수부**(imaginary part) 라 하고 각각을 $a=Re\,z,\ b=Im\,z$ 로 나타낸다.

복소수 전체의 집합을 $\mathbb{C}$로 표기하고 $\mathbb{C}=\{a+bi \mid a, b\in\mathbb{R}\}$로 나타낼 수 있다. 이 집합에서 임의의 실수 a에 대하여 $b=0$이면 $a+0\cdot i=a$가 되어 실수 집합이 되므로 $\mathbb{R}$은 복소수 집합 $\mathbb{C}$의 부분집합이 된다.

복소수 $z=a+bi\ (a, b\in\mathbb{R})$에 대하여 $\bar{z}=a-bi$를 z의 **켤레복소수**(compelex conjugate) 라 한다. 또, $|z|=\sqrt{a^2+b^2}$를 z의 **절댓값**(absolute value) 이라 한다.

복소수의 상등과 덧셈과 곱셈을 정의하면 실수 집합과 마찬가지로 복소수 집합 $\mathbb{C}$는 다음과 같은 대수적 성질을 갖는다.

■ 복소수의 상등

임의의 두 복소수에 대해 다음이 성립할 때, 이 두 복소수는 **서로 같다**고 말한다.

$$a, b, c, d\in\mathbb{R},\quad a+bi=c+di \iff a=c \wedge b=d$$

■ 복소수의 합과 곱

복소수의 덧셈과 곱셈을 다음과 같이 정의한다.

$$a, b, c, d\in\mathbb{R},\quad (a+bi)+(c+di)=(a+c)+(b+d)i$$
$$(a+bi)(c+di)=(ac-bd)+(ad+bc)i$$

■ 복소수의 대수적 성질

(C1) $\forall z_1, z_2\in\mathbb{C},\ z_1+z_2=z_2+z_1$ (덧셈에 대한 교환법칙)

(C2) $\forall z_1, z_2, z_3\in\mathbb{C},\ (z_1+z_2)+z_3=z_1+(z_2+z_3)$ (덧셈에 대한 결합법칙)

(C3) $\exists\, 0\in\mathbb{C}\ s.t.\ \forall z\in\mathbb{C},\ z+0=0+z=z$ (덧셈에 대한 항등원)

(C4) $\exists -z\in\mathbb{C}\ s.t.\ \forall z\in\mathbb{C},\ z+(-z)=(-z)+z=0$ (덧셈에 대한 역원)

(C5) $\forall z_1, z_2\in\mathbb{C},\ z_1z_2=z_2z_1$ (곱셈에 대한 교환법칙)

(C6) $\forall z_1, z_2, z_3\in\mathbb{C},\ (z_1z_2)z_3=z_1(z_2z_3)$ (곱셈에 대한 결합법칙)

(C7) $\exists 1 \ s.t. \ \forall z(\neq 0) \in \mathbb{C}, \ z \cdot 1 = 1 \cdot z = z$ (곱셈에 대한 항등원)

(C8) $\exists z^{-1} \in \mathbb{C} \ s.t. \ \forall z(\neq 0) \in \mathbb{C}, \ zz^{-1} = z^{-1}z = 1$ (곱셈에 대한 역원)

(C9) $\forall z_1, z_2, z_3 \in \mathbb{C}, \ (z_1 + z_2)z_3 = z_1 z_3 + z_2 z_3,$

$z_1(z_2 + z_3) = z_1 z_2 + z_1 z_3$ (분배법칙)

복소수 집합 $\mathbb{C}$도 $\mathbb{Q}$와 $\mathbb{R}$처럼 (C1)~(C9)를 만족하므로 **체**(field)이지만, $\mathbb{C}$에는 순서를 정하지 않으므로 **순서체**(ordered field)는 아니다.

임의의 복소수 $z = a + bi$에 대하여 덧셈에 대한 역원은 $-z = -a - bi$로 정의할 수 있는데, 이것은 $z + (-z) = (-z) + z = 0$를 만족한다. 또 $z \neq 0$인 경우, 곱셈에 대한 역원을 다음과 같이 정의하면 $zz^{-1} = z^{-1}z = 1$를 만족한다.

$$z^{-1} = \frac{1}{a+bi} = \frac{a-bi}{a^2+b^2} = \left(\frac{a}{a^2+b^2} - \frac{b}{a^2+b^2}i\right)$$

위의 식에서 곱셈에 대한 역원 z^{-1}를 켤레복소수 $\bar{z}$와 절댓값 $|z|$로 나타낼 수 있다.

$$z^{-1} = \frac{\bar{z}}{|z|^2}$$

임의의 복소수에 대해 다음과 같이 뺄셈과 나눗셈을 정의할 수 있다.

$$z_1, z_2 \in \mathbb{C}, \quad z_1 - z_2 = z_1 + (-z_2)$$

$$z_1 \div z_2 = \frac{z_1}{z_2} = z_1 z_2^{-1} \quad (z_2 \neq 0)$$

예제 1 $\forall z_1, z_2, z_3 \in \mathbb{C}, \ z_3 \neq 0$일 때, 다음이 성립함을 보이시오.

(1) $z_1 z_3 = z_2 z_3$이면 $z_1 = z_2$이다.

(2) $z_1 z_2 = 0$ 이면 $z_1 = 0$ 또는 $z_2 = 0$이다.

(3) $\dfrac{z_1 + z_2}{z_3} = \dfrac{z_1}{z_3} + \dfrac{z_2}{z_3}$이다.

풀이 (1) $z_3 \neq 0$ 이므로 z_3^{-1} 이 존재한다. 따라서 $z_1 z_3 = z_2 z_3$이면,

$z_1 = z_1(z_3 z_3^{-1}) = (z_1 z_3)z_3^{-1} = (z_2 z_3)z_3^{-1} = z_2(z_3 z_3^{-1}) = z_2$이다.

(2) $z_1 z_2 = 0$이고 $z_2 \neq 0$이면, $z_1 z_2 = 0 = 0 \cdot z_2$이므로 (1)에 의해 $z_1 = 0$이다.

(3) $\dfrac{z_1 + z_2}{z_3} = (z_1 + z_2)z_3^{-1} = z_1 z_3^{-1} + z_2 z_3^{-1} = \dfrac{z_1}{z_3} + \dfrac{z_2}{z_3}$이다.

정리 2.3.1 $\forall z, w \in \mathbb{C}$ 에 대해 다음이 성립한다.

(1) $\overline{z+w} = \overline{z} + \overline{w}, \quad \overline{zw} = \overline{z} \cdot \overline{w}$

(2) $z \in \mathbb{R} \iff \overline{z} = z$

(3) $z + \overline{z} = 2Re\, z$

(4) $z\,\overline{z} = |z|^2$

증명 $z = a + bi,\ w = c + di$ 라 하자.

(1) $\overline{z+w} = \overline{(a+bi)+(c+di)} = (a-bi)+(c-di) = \overline{z} + \overline{w}$

$\overline{zw} = \overline{(ac-bd)+(ad+bc)i} = (ac-bd)-(ad+bc)i$

$= (a-bi)(c-di) = \overline{z} \cdot \overline{w}$

(2) $z \in \mathbb{R} \iff b = 0 \iff z = a \iff \overline{z} = z$

(3) $z + \overline{z} = (a+bi)+(a-bi) = 2a = 2Re\, z$

(4) $z\,\overline{z} = (a+bi)(a-bi) = a^2 + b^2 = |z|^2$

복소수 $z = a + bi$ $(a, b \in \mathbb{R})$를 그림과 같이 좌표평면 위의 점 (a, b)에 대응시키면 $\mathbb{C}$를 좌표평면 위에 나타낼 수 있다. 이것을 **복소평면** (complex plane) 이라 한다. 여기서 x축은 실수축이고 y축은 허수축을 나타낸다.

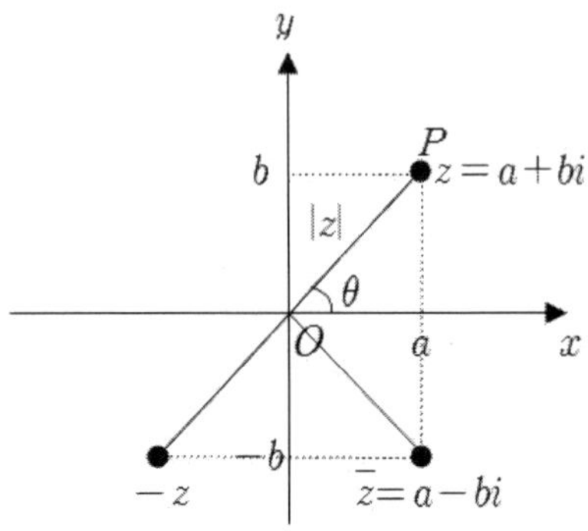

그림 1

이때 복소평면에서 z 를 나타내는 점은 $-z$ 를 나타내는 점과 원점에 대하여 대칭이고, 켤레복소수 $\overline{z}$ 를 나타내는 점과는 x 축에 대하여 대칭이다.

복소평면에서 $z = a + bi$ 를 나타내는 점을 P 라 하면, $\overline{OP} = \sqrt{a^2 + b^2} = |z|$ 이다. z가 x 축의 양의 방향과 이루는 각 θ 를 z 의 **편각**(argument)이라 하고, $\theta = \arg z$ 로 나타낸

다. [그림 1]에서 $\overline{OP} = |z| = r$ 이라 하면 다음이 성립한다.

$$a = \overline{OP}\cos\theta = r\cos\theta, \quad b = \overline{OP}\sin\theta = r\sin\theta, \quad \tan\theta = \frac{b}{a},$$

$$z = a + bi = r\cos\theta + ir\sin\theta = r(\cos\theta + i\sin\theta)$$

이와 같이 $z = r(\cos\theta + i\sin\theta)$로 나타낸 것을 복소수 z의 **극형식**(polar form)이라 한다.

예제 2 다음 복소수의 절댓값과 편각을 구하고, 극형식으로 나타내시오.

(1) $1 + \sqrt{3}i$ (2) $-i$

풀이 (1) $|z| = |1 + \sqrt{3}i| = \sqrt{1+3} = 2, \quad \theta = \pi/3$

$$z = 1 + \sqrt{3}i = 2\left(\frac{1}{2} + \frac{\sqrt{3}}{2}i\right) = 2\left(\cos\frac{\pi}{3} + i\sin\frac{\pi}{3}\right)$$

(2) $|z| = |-i| = \sqrt{0+1} = 1, \quad \theta = 3\pi/2$

$$z = -i = 1(0 - i) = 1\left(\cos\frac{3\pi}{2} + i\sin\frac{3\pi}{2}\right)$$

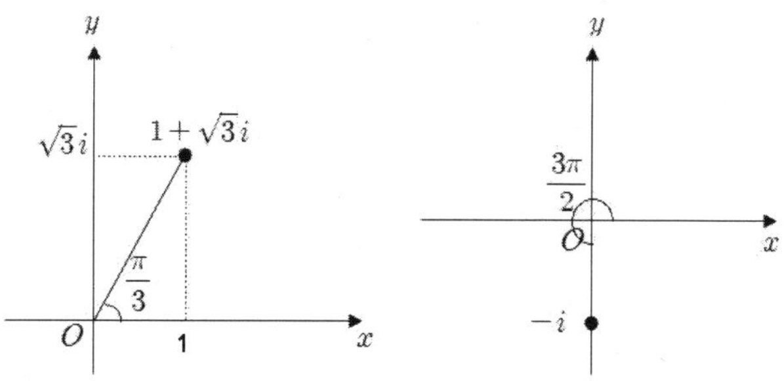

그림 2

정리 2.3.2 $\forall z, w \in \mathbb{C}$ 에 대해 다음이 성립한다.

$$|zw| = |z||w|, \quad \arg(zw) = \arg z + \arg w$$

증명 $|z| = r, \ \arg z = \theta, \quad |w| = r', \ \arg w = \theta'$라고 하면,

$z = r(\cos\theta + isin\theta), \quad w = r'(\cos\theta' + \sin\theta')$이므로 다음이 성립한다.

$$\begin{aligned} zw &= rr'(\cos\theta + isin\theta)(\cos\theta' + isin\theta') \\ &= rr'\{(\cos\theta\cos\theta' - \sin\theta\sin\theta') + i(\cos\theta\sin\theta' + \sin\theta\cos\theta')\} \\ &= rr'\{\cos(\theta + \theta') + isin(\theta + \theta')\} \end{aligned}$$

따라서 $|zw| = rr' = |z||w|$

$\arg(zw) = \theta + \theta' = \arg\theta + \arg\theta'$ 이다.

예제 3 $z = i,\ w = \sqrt{3} + i$ 일 때, zw의 절댓값과 편각을 구하시오.

풀이 $z = i = 1\left(\cos\frac{\pi}{2} + isin\frac{\pi}{2}\right),\quad w = -1 + \sqrt{3}i = 2\left(\cos\frac{\pi}{6} + isin\frac{\pi}{6}\right)$

$zw = i(\sqrt{3} + i) = -1 + \sqrt{3}i$이므로 $|zw| = \sqrt{(-1)^2 + (\sqrt{3})^2} = 2$,

$\theta = 2\pi/3$이므로 $zw = 2\left(\cos\frac{2\pi}{3} + isin\frac{2\pi}{3}\right)$이다.

정리 2.3.2를 이용하여 다음과 같이 간편하게 구할 수 있다.

$|zw| = 1 \cdot 2 = |z||w|,\quad \arg(zw) = \frac{2\pi}{3} = \frac{\pi}{2} + \frac{\pi}{6} = \arg z + \arg w$

두 복소수 $z = a + bi,\ w = c + di$에 대해

$$|z - w| = |(a - c) + (b - d)i| = \sqrt{(a - c)^2 + (b - d)^2}$$

이므로 $|z - w|$는 복소평면에서 두 점 z, w 사이의 거리이다.

예제 4 다음 두 조건을 만족하는 복소수 z의 자취를 복소평면 위에 나타내시오.

(1) $|z| = 1$ (2) $|z - 1| = |z - i|$

풀이 (1) $|z| = 1$을 만족하는 복소수 z는 원점으로부터 거리가 1인 자취이므로 원점을 중심으로 하는 단위원이다.

(2) $|z - 1| = |z - i|$를 만족하는 점은 $(0, 1)$에서의 거리와 $(i, 0)$에서의 거리가 같은 점이므로 그 자취는 이 두 점을 잇는 선분의 수직이등분선이다.

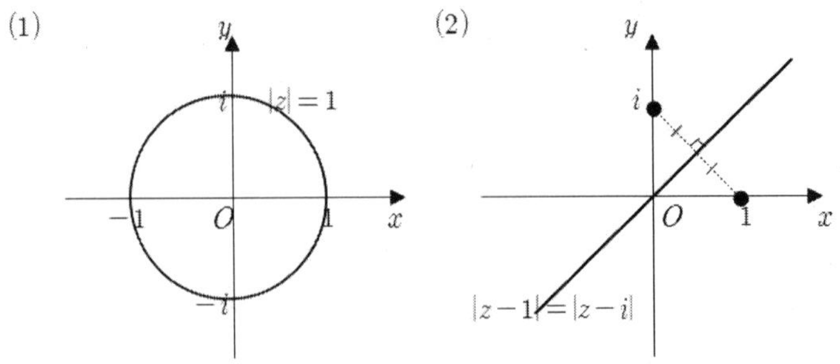

그림 3

오일러 (Leonhard Euler, 1707~1783)는 θ가 실수일 때, $e^{i\theta}=\cos\theta+isin\theta$로 정의하였는데, 여기서 e는 오일러 상수 $e=2.7182\cdots$이다. 이 식을 이용하여 복소수의 극형식을 $z=r(\cos\theta+isin\theta)=re^{i\theta}$로 나타낼 수 있다. 또한 다음이 성립한다.

$$e^{i\theta}=e^{i\phi} \quad \Leftrightarrow \quad \phi=\theta+2n\pi \ \ (n\in\mathbb{Z})$$

예제 5 다음 복소수를 극형식으로 나타낸 다음 $re^{i\theta}$의 형태로 나타내시오.

(1) i (2) $1-i$

풀이 (1) $i=\cos\frac{\pi}{2}+i\sin\frac{\pi}{2}=e^{\frac{\pi}{2}i}$

(2) $1-i=\sqrt{2}\left(\cos\frac{7\pi}{4}+i\sin\frac{7\pi}{4}\right)=\sqrt{2}\,e^{\frac{7\pi}{4}i}$

정리 2.3.3 θ, ϕ가 실수일 때 다음이 성립한다.

(1) $e^{i\theta}\cdot e^{i\phi}=e^{i(\theta+\phi)}$

(2) $(e^{i\theta})^{-1}=e^{-i\theta}$

(3) $\forall n\in\mathbb{Z}$, $e^{i(\theta+2n\pi)}=e^{i\theta}$

(4) $\forall n\in\mathbb{Z}$, $(e^{i\theta})^n=e^{in\theta}$

예제 6 $e^{ix}=i$를 만족시키는 실수 x의 값을 구하여라.

풀이

$i=\cos\frac{\pi}{2}+i\sin\frac{\pi}{2}=e^{\frac{\pi}{2}i}$이므로 $e^{jx}=e^{\frac{\pi}{2}i}$

$$x=\frac{\pi}{2}+2n\pi=\left(2n+\frac{1}{2}\right)\pi,\ \ n\in\mathbb{R}$$

예제 7 θ의 값에 관계없이 다음 식의 값이 일정함을 보여라.

$$\frac{(\cos5\theta+i\sin5\theta)(\cos\theta-i\sin\theta)}{\sin4\theta-i\cos4\theta}$$

풀이 $\cos5\theta+i\sin5\theta=e^{\sin\theta}$

$\cos\theta-i\sin\theta=e^{-i\theta}$

$$\sin 4\theta - i\cos 4\theta = -i(\cos 4\theta + i\sin 4\theta) = -ie^{4i\theta}$$

따라서 $\dfrac{e^{5i\theta}e^{-i\theta}}{-ie^{4i\theta}} = \dfrac{e^{4j\theta}}{-ie^{4i\theta}} = \dfrac{1}{-i} = i$

연습문제 II-3

1 다음을 계산하여 $a+bi$ 의 꼴로 나타내시오.

(1) $(2-3i)(-2+i)$ (2) $\dfrac{4+i}{2-3i}$

2 두 복소수 z, w에 대하여 다음이 성립함을 보이시오.

(1) $\overline{z^{-1}} = (\overline{z})^{-1}$

(2) $|z+w| \leq |z|+|w|$

(3) $|z+w|^2 - |z-w|^2 = 4Re(z\overline{w})$

3 다음 복소수를 $re^{i\theta}$의 형태로 나타내시오.

(1) 2 (2) $4i$

(3) $6-6i$ (4) $-7+7\sqrt{3}i$

4 $z=1-i,\ w=-\sqrt{3}-i$ 일 때 다음 복소수의 절댓값과 편각을 구하고, $re^{i\theta}$의 형태로 나타내시오.

(1) zw (2) z^2

(3) $z^2\overline{w}$ (4) $\dfrac{z}{w}$

5 다음 복소수를 $a+bi$의 꼴로 나타내시오. $(a,\ b \in \mathbb{R})$

(1) $e^{\frac{\pi}{3}i}$ (2) $2e^{\frac{2}{3}\pi i}$ (3) $3e^{\pi i}$

6 복소수 z에 대하여 다음이 성립함을 보이시오.

(1) $|z|=1$ 이면 $z^{-1} = \overline{z}$ 이다.

(2) $\overline{e^{i\theta}} = e^{-i\theta}\ (\theta \in \mathbb{R})$이다.

7 z가 복소수일 때, 복소평면에서 iz를 나타내는 점은 z를 나타내는 점을 반시계 방향으로 $90°$ 회전한 점임을 보이시오.

III 관계와 함수

1. 관계 | 2. 함수

1 관계

임의의 두 대상 x, y에 대하여 **순서쌍**(ordered pair) (x, y)를 구성할 수 있다. 순서쌍은 괄호 속의 순서가 중요하다. 순서쌍 (x, y)에서 x, y를 각각 첫째 성분, 둘째 성분이라 한다. 순서쌍의 상등을 다음과 같이 정의할 수 있다.

$$(x, y) = (a, b) \Leftrightarrow x = a \wedge y = b$$

임의의 두 집합 A, B에 대하여 $x \in A$, $y \in B$의 순서쌍 (x, y)의 집합을 A, B의 **데카르트 곱**(Cartesian product)이라 하고 $A \times B$로 나타낸다. 즉, $A \times B = \{(x, y) \mid x \in A \wedge y \in B\}$이다. 데카르트 곱은 **곱집합**이라고 부르기도 한다.

예 $A = \{1, 2, 3\}$, $B = \{a, b\}$에 대하여 $A \times B$와 $B \times A$를 각각 구하시오.

$A \times B = \{(1,a), (1,b), (2,a), (2,b), (3,a), (3,b)\}$

$B \times A = \{(a,1), (a,2), (a,3), (b,1), (b,2), (b,3)\}$

두 집합 A, B에 대하여 데카르트 곱 $A \times B$의 부분집합 R을 $R = \{(x,y) \in A \times B \mid R(x,y)\}$로 정의하고 A에서 B로의 **관계**(relation)라 한다. 특히, $A = B$일 때 R을 A에서의 관계라 부른다.

예 $A = \{1,2,3,4,5\}$일 때 x, y에 대하여 $R = \{(x,y) \in A \times A \mid x$는 y의 약수$\}$로 두면, R은 A에서의 관계이다. 또 $R = \{(1,1),(1,2),(1,3),(1,4),(1,5),(2,2),(2,4),(3,3),(4,4),(5,5)\}$이고 이것을 그래프로 나타낼 수 있다.

R을 집합 A에서 B로의 관계라고 하자. 이때, $(x,y) \in R$이면 x와 y는 R이라는 관계가 있다고 하고, 이것을 xRy로 나타내기로 한다. 즉, $(x,y) \in R \Leftrightarrow xRy$.

예 집합 $R = \{(x,y) \mid x^2 + y^2 = 1\}$은 $\mathbb{R}$에서의 관계이다.

이때, $xRy \Leftrightarrow x^2 + y^2 = 1$이다. 따라서 $(1,0) \in R$이고, $(1,1) \notin R$이다.

R의 그래프를 좌표평면에 나타내면 단위원이 된다.

집합 A에서의 관계 $I = \{(x,x) \mid x \in A\}$를 **항등관계**(identity relation)라 한다. 또, 관계 R에 대해 $R^{-1} = \{(y,x) \mid (x,y) \in R\}$을 R의 **역관계**(inverse relation)라고 한다. 따

라서 $xRy \Leftrightarrow yR^{-1}x$가 성립한다.

예 $\mathbb{R}$에서 두 관계 'x는 y 이하이다.'와 'y는 x 이하이다.'는 각각 서로의 역관계이다. $R=\{(x,y) \mid x \le y\}$의 역관계는 $R^{-1}=\{(x,y) \mid y \le x\}$이다.

집합 A에서의 관계 R이 다음 3가지 관계를 만족하면 **동치관계**(equivalence relation)라 한다.

(1) **반사적**(reflexive) **관계**: $\forall x \in A,\ (x,x) \in R$

(2) **대칭적**(symmetric) **관계**: $(x,y) \in R \Rightarrow (y,x) \in R$

(3) **추이적**(transitive) **관계**: $(x,y) \in R \wedge (y,z) \in R \Rightarrow (x,z) \in R$

예 (1) $\mathbb{R}$에서의 관계 $R=\{(x,y) \mid x \le y\}$: 반사적, 추이적 관계 (대칭적은 아님)

(2) $R=\left\{(x,y) \mid x^2+y^2<1\right\}$: 대칭적 관계 (반사적, 추이적 아님)

(3) $A=\{1,2,3\}$, $R=\{(1,1),(1,2),(2,1),(2,2),(1,3),(2,3)\}$
: 추이적 관계 (반사적, 대칭적 아님)

$m \in \mathbb{Z}^+$, 정수 $\mathbb{Z}$ 위에서의 **법**(modulo) m에 관한 **합동관계** $\equiv$는 적당한 $k \in \mathbb{Z}$에 대하여

$$x-y=km \Leftrightarrow x \equiv y \pmod{m}$$

로 정의된다. 이 합동관계는 $\mathbb{Z}$ 위의 동치관계이다.

예제 1 $x, y \in \mathbb{Z}$, $xRy \Leftrightarrow x-y=7k \Leftrightarrow x \equiv y \pmod{7}$로 정의하면 R은 $\mathbb{Z}$ 위에서 동치관계임을 보이시오.

풀이 ① $\forall x \in \mathbb{Z}$, $x-x=0(\in \mathbb{Z})$은 7의 배수이므로 R은 반사적이다.

② $x-y(\in \mathbb{Z})$가 7의 배수이면 $y-x=-(x-y)(\in \mathbb{Z})$도 7의 배수이므로 R은 대칭적이다.

③ $x-y,\ y-z(\in \mathbb{Z})$가 7의 배수이면 $x-z=(x-y)+(y-z)(\in \mathbb{Z})$도 7의 배수이므로 R은 추이적이다.

따라서, ①, ②, ③에 의해 R은 $\mathbb{Z}$ 위에서 동치관계이다.

R이 집합 A에서의 동치관계일 때, $\forall a \in A$에 대하여 집합 $[a]=\{b \in A \mid aRb\}$를 a의 **동치류**(equivalence class)라고 한다.

예 $\mathbb{Z}$ 에서의 동치관계 '$xRy \Leftrightarrow x-y=3k,\ k\in z$'에 대한 1의 동치류는 $[1]=\{\cdots, -5, -2, 1, 4, 7, \cdots\}$이다.

R 이 집합 A에서의 동치관계일 때, $\{[a] \mid a\in A\}$를 집합 A의 R에 의한 **분할** (partition induced by R)이라고 하고, 다음과 같은 성질이 성립한다.

① $A=\bigcup\{[a] \mid a\in A\}$

② $[a]\neq[b] \Rightarrow [a]\cap[b]=\varnothing$

예제 2 다음과 같이 정의한 $\mathbb{Z}$ 에서의 동치관계 R 에 의한 $\mathbb{Z}$의 분할을 구하시오.

$$x, y\in\mathbb{Z},\ xRy \Leftrightarrow x-y=5k,\ k\in\mathbb{Z}$$

풀이 $x, y\in\mathbb{Z},\ xRy \Leftrightarrow x-y=5k,\ k\in\mathbb{Z}$

즉, $\forall k\in\mathbb{Z}, [x]=[x+5n]$이다.

그러므로 5로 나눈 나머지가 같은 두 원소는 같은 동치류에 속한다.

따라서 R 에 의한 $\mathbb{Z}$의 분할은 $\{[0], [1], [2], [3], [4]\}$이다.

연습문제 Ⅲ-1

1 좌표평면에 집합 $\{(x, y) \in \mathbb{R} \times \mathbb{R} \mid x > y\}$의 그래프를 그리시오.

2 임의의 집합 A에 대하여 $A \times \varnothing$, $\varnothing \times A$를 각각 구하시오.

3 집합 A, B에 대해 $A \times B = B \times A$를 만족하는 조건을 말하시오.

4 원소가 모두 9개인 데카르트 곱 $A \times A$에는 $(-2, 0)$, $(0, 2)$이 속해 있다. 이 집합의 나머지 원소와 집합 A를 각각 구하시오.

5 $A = \{1, 2, 3, 4\}$일 때, A에서의 다음 관계가 반사적인지, 대칭적인지, 추이적인지 각각 구분하고, 그 이유를 말하시오.

(1) $R_1 = \{(1,1), (1,2), (1,3), (2,1), (2,2), (2,3), (3,3), (4,4)\}$

(2) $R_2 = \{(1,1), (1,2), (2,1), (2,2), (3,3), (4,4)\}$

(3) $R_3 = \{(1,1), (1,3), (1,4), (2,3), (3,4)\}$

6 반사적이고 추이적이지만 대칭적이 아닌 관계의 예 하나를 제시하시오.

7 대칭적이고 추이적이지만 반사적이 아닌 관계의 예 하나를 제시하시오.

8 $\mathbb{N}$에서의 관계 $R = \{(x, y) \mid x + y = 10\}$에 대하여 다음 물음에 답하시오.

(1) R과 R^{-1}의 모든 원소를 구하시오.

(2) R이 대칭적 관계이고 반사적, 추이적 관계는 아님을 설명하시오.

9 $\mathbb{Z}$에서의 관계 $R = \{(x, y) \mid x - y = 3k, k \in R\}$이 동치관계임을 보이고 동치류 $[0]$, $[1]$, $[2]$를 각각 구하시오.

10 $P = \{\{a, b\}, \{c\}, \{d, e\}\}$가 집합 $X = \{a, b, c, d\}$의 분할임을 보이시오.

2 함수

집합 A에서 집합 B로의 관계 f ($f \subset A \times B$)가 다음 두 조건을 만족할 때, f를 A에서 B로의 **함수**(function)라 하고 $f: A \rightarrow B$로 나타낸다.

(1) $\forall x \in A,\ \exists y \in B,\ (x, y) \in f$

(2) $(x, y) \in f \wedge (x, y') \in f \Rightarrow y = y'$

즉, A에서 B로의 함수란 A의 각 원소 x에 대하여 B의 원소 y를 꼭 한 개씩만 대응시키는 것을 말한다. $(x, y) \in f$ 일 때 $y = f(x)$로 나타내며, y를 x의 **상**(image) 또는 f에 의한 **함숫값**(value)이라 하고 x를 y의 **원상**(preimage)이라 한다.

예 (1) A가 집합일 때 $f: A \rightarrow A$를 $f(x) = x,\ x \in A$로 정하면 f는 A에서 A로의 함수이다. 이것을 집합 A의 **항등함수**(identity function)라 하며 I_A로 나타낸다.

(2) A, B가 집합, $b \in B$일 때 $f: A \rightarrow B$를 $f(x) = b,\ x \in A$로 정하면 f는 A에서 B로의 함수이다. 이 함수를 **상수함수**(constant function)라 한다.

함수 $f: A \rightarrow B$에서 A를 **정의역**(domain of definition), B를 **공역**(codomain)이라 한다. 또한, 함숫값 전체의 집합 $\{y \in B \mid \exists x \in A,\ y = f(x)\}$를 함수 f의 **치역**(range)이라 하고, $Im f$ 또는 $f(A)$로 나타낸다.

함수 $f: A \rightarrow B$에서 $C \subset A,\ D \subset B$일 때, $f(C)$를 함수 f에 의한 C의 상(image)이라 하고, $f^{-1}(D)$를 함수 f에 의한 D의 **원상** 또는 **역상**(inverse image)이라 한다.

예 $A = \{1, 2, 3\},\ B = \{a, b, c\}$일 때 $f: A \rightarrow B,\quad f(1) = c,\ f(2) = a,\ f(3) = c$로 정하면 $f(A) = \{a, c\},\quad f^{-1}(\{b, c\}) = f^{-1}(c) = \{1, 3,\},\ f^{-1}(b) = \varnothing$이다.

함수 $f: A \rightarrow B$가 $f(x_1) = f(x_2) \Rightarrow x_1 = x_2$를 만족할 때 f를 **일대일 함수**(one-to-one function) 또는 **단사함수**(injective function)라 한다. 즉, f가 단사함수일 필요충분조건은 A의 서로 다른 두 원소의 함숫값이 각각 다른 것이다.

함수 $f: A \rightarrow B$가 $\forall y \in B,\ \exists x \in A,\ y = f(x)$를 만족하면 f를 **위로의 함수**(onto function) 또는 **전사함수**(surjective function)라 한다. 즉, f가 전사함수일 필요충분조건은 $f(A) = B$이다.

일대일인 위로의 함수 f 를 **일대일 대응**(one-to-one correspondence) 또는 **전단사함수**(bijective function)라 한다.

예 (1) $f : \mathbb{R} \to \mathbb{R}$, $f(x) = ax + b$ $(a,b \in \mathbb{R}, a \neq 0)$: 전단사함수

(2) $f : \mathbb{R} \to \mathbb{R}$, $f(x) = 2^x$: 단사함수

(3) $f : \mathbb{R} \to \mathbb{R}$, $f(x) = x^2$: 전사함수도 아니고 단사함수도 아님

두 함수 $f : A \to B$, $g : B \to C$에 대하여 $g \circ f : A \to C$를 다음과 같이 정의하면 $g \circ f$ 를 **합성함수**(composition function)라 한다.

$$(g \circ f)(x) = g(f(x)),\ x \in A$$

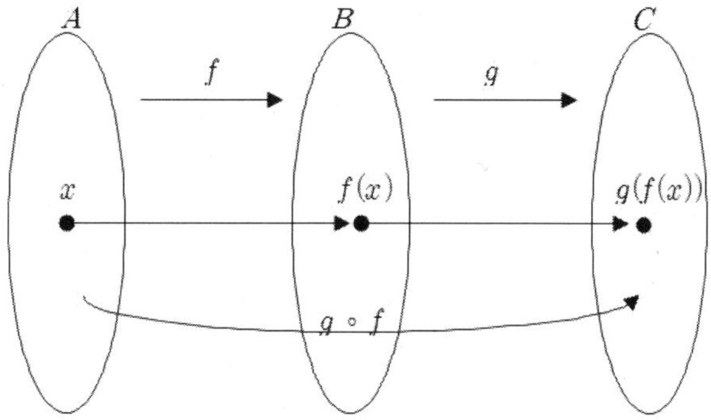

그림 4

예제 1 두 함수 $f(x) = 2x + 1$, $g(x) = x^2 - 2$ 의 합성함수 $g \circ f$ 와 $f \circ g$ 를 구하시오.

풀이 $(g \circ f)(x) = g(f(x)) = g(2x+1) = (2x+1)^2 - 2 = 4x^2 + 4x - 1$

$(f \circ g)(x) = f(g(x)) = f(x^2 - 2) = 2(x^2 - 2) + 1 = 2x^2 - 3$

예제 1로부터 함수의 합성은 일반적으로 교환법칙이 성립하지 않음을 알 수 있고, 다음 정리로부터 결합법칙은 성립함을 알 수 있다.

정리 3.2.1 $f : A \to B$, $g : B \to C$, $h : C \to D$가 함수일 때 다음이 성립한다.

$$h \circ (g \circ f) = (h \circ g) \circ f$$

증명 $\forall x \in A$에 대하여

$$(h \circ (g \circ f))(x) = h(g \circ f)(x)) = h(g(f(x)))$$
$$= (h \circ g)f(x) = (h \circ g) \circ f(x)$$

이므로 $h \circ (g \circ f) = (h \circ g) \circ f$이다.

함수 $f : A \to B$에 대하여 $g : B \to A$가 $g \circ f = I_A$, $f \circ g = I_B$를 만족할 때, g를 f의 **역함수**(inverse function)라 하고, $g = f^{-1}$로 나타낸다. 즉 $g(f(x)) = x$, $x \in A$, $f(g(y)) = y$, $y \in B$이다.

예 $A = B = \{x \in \mathbb{R} \mid x > 0\}$일 때, 두 함수 $f : A \to B$, $g : B \to A$를 각각 $f(x) = x^2$, $g(y) = \sqrt{y}$로 정의하면 $\forall x \in A$, $\forall y \in B$에 대하여 $g(f(x)) = \sqrt{x^2} = x$, $f(g(y) = (\sqrt{y})^2 = y$가 성립하므로 g는 f의 역함수이다.

정리 3.2.2 $f : A \to B$가 역함수를 가질 필요충분조건은 f가 전단사함수이다.

예제 2 $f : \mathbb{R} \to \mathbb{R}$, $f(x) = ax + b$ $(a, b \in \mathbb{R}, a \neq 0)$일 때, f가 역함수를 가짐을 보이고, 그 역함수를 구하시오.

풀이 $f(x_1) = f(x_2) \Rightarrow ax_1 + b = ax_2 + b \Rightarrow x_1 = x_2$이므로 단사함수이다.

또 $\forall y \in \mathbb{R}$, $x = \frac{1}{a}(y - b)$라 두면 $y = f(x)$이므로 전사함수이다.

f는 전단사함수이므로 역함수가 존재하는데, 그것을 $y = g(x)$라고 하면 $x = f(y)$로부터 $x = ay + b \Leftrightarrow y = \frac{1}{a}(x - b)$ 이므로 $y = g(x) = \frac{1}{a}(x - b)$이다.

일차함수 $y = 2x$는 전단사함수이므로 역함수 $y = \frac{1}{2}x$를 갖는다. 이 두 함수의 그래프를 그려보면 $y = x$에 대칭임을 알 수 있다. 일반적으로 함수 $y = f(x)$의 그래프와 그 역함수 $y = f^{-1}(x)$의 그래프는 직선 $y = x$에 대하여 대칭이다.

함수 $y : \mathbb{R} \to \mathbb{R}$이 $\forall x \in \mathbb{R}$에 대하여 $f(-x) = f(x)$를 만족하면 f를 **우함수**(even function)라 하고, $f(-x) = -f(x)$를 만족하면 f를 **기함수**(odd function)라고 한다. 우함수의 그래프는 y축에 대해 대칭이고, 기함수의 그래프는 원점에 대해 대칭이다.

또 $\forall x, y \in \mathbb{R}$ 에 대하여 $x \le y \Rightarrow f(x) \le f(y)$ 를 만족하면 f 를 **증가함수**(decreasing function)라 하고, $x \le y \Rightarrow f(x) \ge f(y)$ 를 만족하면 **감소함수**(decreasing function)라 힌다. 특히, $x < y \Rightarrow f(x) < f(y)$ 를 만족하면 f 를 **순증가함수**(strictly decreasing function), $x < y \Rightarrow f(x) > f(y) f$ 를 만족하면 **순감소함수**(strictly decreasing function)라 한다.

예 $f(x) = x^3$ 은 $f(-x) = -x^3 = -f(x)$ 이므로 기함수이고, $x < y$ 일 때 $x^3 < y^3$ 이므로 순증가함수이다.

함수 $f : \mathbb{R} \to \mathbb{R}$ 이 다음과 같은 다항식 형태로 주어질 때, $f(x)$ 를 **다항함수**(polynomial function)라 한다.

$$f(x) = a_0 + a_1 x + a_2 x^2 + \cdots + a_n x^n \quad (a_1, a_2, \cdots, a_n \in \mathbb{R},\ a_n \ne 0)$$

다항함수 중 n 이 자연수일 때 $f(x) = x^n$ 의 그래프의 유형을 알아본다.

(a) $n = 1$ 이면 $y = x$ 는 원점을 지난는 직선이다.

(b) n 이 짝수이면 $\forall x \in \mathbb{R}$, $f(-x) = (-x)^n = x^n = f(x)$ 이므로 $f(x)$ 는 우함수이고, 그래프는 y 축에 대하여 대칭이다. 또한 $0 \le x < y$ 이면 $f(x) = x^n < y^n = f(y)$ 이므로 한 $[0, \infty)$ 에서 순증가함수이다.

(c) n 이 홀수이면 $\forall x \in \mathbb{R}$, $f(-x) = (-x)^n = -x^n = -f(x)$ 이므로 $f(x)$ 는 기함수이고, 그래프는 원점에 대하여 대칭이다. 또한 $x < y$ 이면 $f(x) = x^n < y^n = f(y)$ 이므로 $\mathbb{R}$ 에서 순증가함수이다.

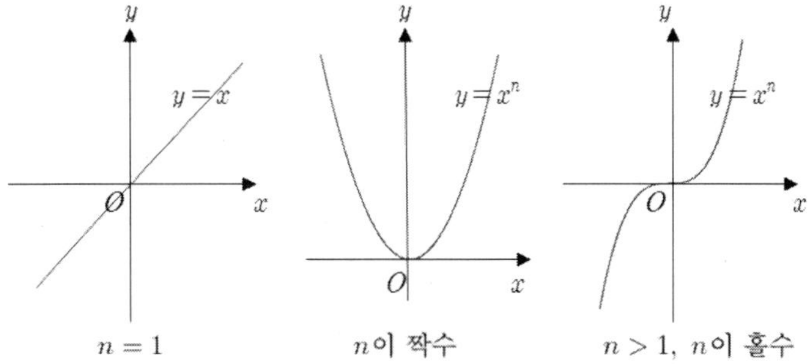

그림 5

함수 $f : \mathbb{R} \to \mathbb{R}$ 가 다음과 같이 분모, 분자가 실수 계수의 다항식인 분수식 $f(x) =$

$\dfrac{q(x)}{p(x)}$의 형태로 주어질 때, $f(x)$를 **유리함수**(rational function)라 한다.

$f(x)=\dfrac{1}{x}$의 그래프는 [그림 6]과 같이 쌍곡선이다. 이 그래프는 x가 0으로 가까이 가면 y축에, $|x|$가 한없이 커지면 x축에 가까워지는데, 이처럼 두 직선 $x=0$, $y=0$을 이 곡선의 **점근선**(asymptote)이라 한다.

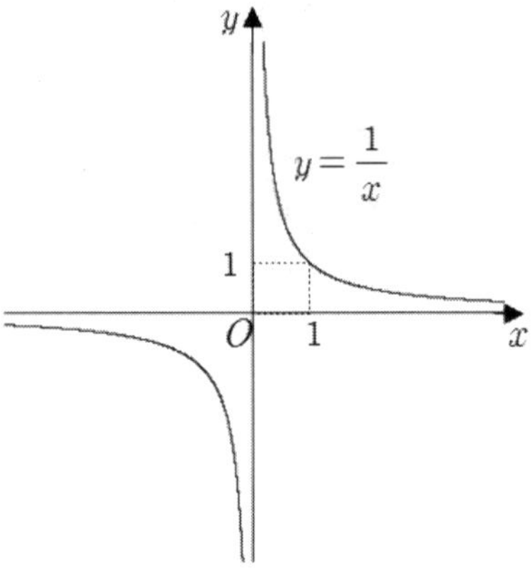

그림 6

예 유리함수 $f(x)=\dfrac{3x-5}{x-2}$의 그래프는 $f(x)=\dfrac{3x-5}{x-2}=\dfrac{1}{x-2}+3$이므로, 이는 $f(x)=\dfrac{1}{x}$을 x축으로 2만큼, y축으로 3만큼 평행이동한 것이다. 이 함수의 점근선은 $x=2$, $y=3$이다.

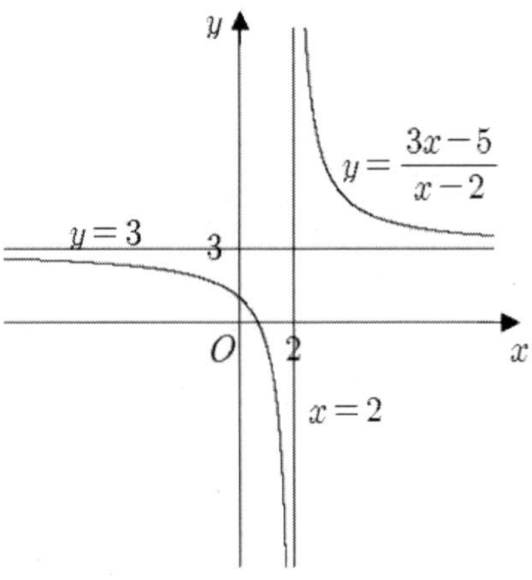

그림 7

다음은 지수함수와 이것의 역함수인 로그함수에 대하여 알아본다.

$a(\neq 1)>0,\ n\in\mathbb{N}$ 일 때, $a^0=1,\ a^1=1,\ a^2=a\times a,\ \cdots,\ a^n=a\cdot a^{n-1}$으로 정의할 때, n을 a^n의 **지수**(exponent)라 하고 a를 **밑**(base)이라 한다. n이 음의 정수 $n=-m\,(m>0)$일 때는 $a^n=\dfrac{1}{a^m}$로 정의한다.

지수를 유리수로 확장하기 위해 $y=x^n$의 그래프를 살펴보면, $a(\neq 1)>0$에 대해 $x^n=a$를 만족하는 양수 x가 꼭 한 개 있음을 알 수 있는데, 이것을 $x=a^{\frac{1}{n}}=\sqrt[n]{a}$로 나타낸다. 일반적으로 유리수 $r=\dfrac{m}{n}$ $(m,n\in\mathbb{Z},\ n\geq 1)$에 대하여 다음과 같이 정의한다.

$$a^r=a^{\frac{m}{n}}=(a^m)^{\frac{1}{n}}=\sqrt[n]{a^m}$$

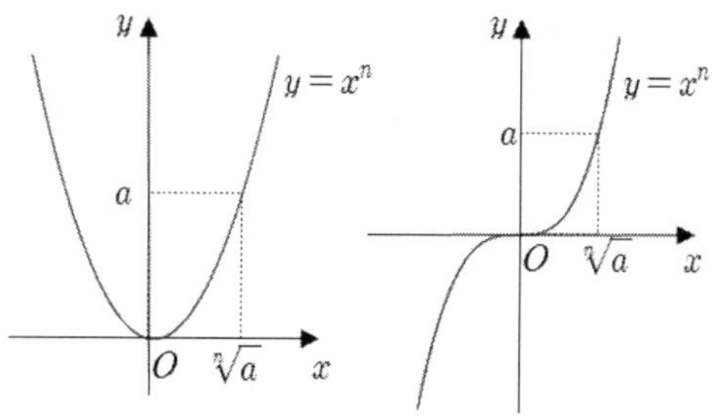

그림 8

보조정리 3.2.3 $a(\neq 1)>0,\ b(\neq 1)>0,\ r,s\in\mathbb{R}$

(1) $a^ra^s=a^{r+s}$ (2) $a^r\div a^s=a^{r-s}$

(3) $(a^r)^s=a^{rs}$ (4) $(ab)^r=a^ra^r$

보조정리 3.2.4 $a(\neq 1)>0,\ b(\neq 1)>0,\ r,s\in\mathbb{R}$

(1) $a>1,\ r<s\Rightarrow a^r<a^s$

(2) $0<a<1,\ r<s\Rightarrow a^r>a^s$

보조정리 3.2.4에 의하여 $a>1$이고 $x\in\mathbb{R}$일 때, $x<r_0$인 유리수 r_0를 잡으면 모든 $r<x$인 유리수 r에 대하여 $a^r<a^{r_0}$이다. 따라서 집합 $\{a^r\mid r\in\mathbb{Q},r<x\}$는 위로 유계이고, 실수의 완비성에 의하여 최소상계를 갖는다. 이때 $a^x=\sup\{a^r\mid r\in\mathbb{Q},r<x\}$로

정의한다. 같은 방법으로 $0 < a < 1$일 때 $a^x = \inf\{a^r \mid r \in \mathbb{Q}, r < x\}$로 정의하면 모든 실수 x에 대하여 a^x를 정의할 수 있다.

a가 1이 아닌 양수이고 $f : \mathbb{R} \to \mathbb{R}$ 일 때, $f(x) = a^x$ 로 정의되는 함수를 **지수함수**(exponential function)라 한다. 이 함수의 치역은 $\mathbb{R}^+ = \{x \mid x \in \mathbb{R},\ x > 0\}$이다. 지수함수는 다음 정리와 같은 성질을 갖는다.

정리 3.2.5 $a(\neq 1) > 0,\quad f(x) = a^x$

(1) $\forall x, y \in \mathbb{R},\quad f(x+y) = a^{x+y} = a^x a^y = f(x)f(y)$

(2) $f(x)$는 $a > 1$이면 순증가함수이고, $0 < a < 1$이면 순감소함수이다.

(3) $f(x)$는 일대일 함수이다.

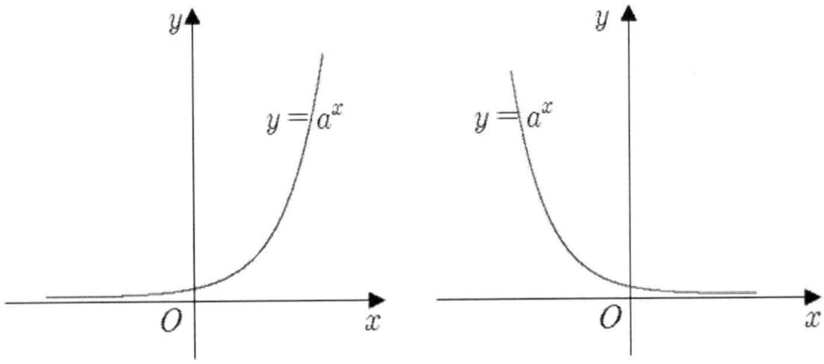

$y = a^x\,(a > 1)$　　　　$y = a^x\,(0 < a < 1)$

그림 9

지수함수 중 오일러 수 e를 밑으로 하는 함수 $f(x) = e^x = \exp(x)$를 **자연지수함수**(natural exponential function)라 한다. 여기서 오일러 수는 다음과 같다.

$$e = \lim_{n\to\infty}\left(1 + \frac{1}{n}\right)^n = 1 + \frac{1}{1!} + \frac{1}{2!} + \cdots + \frac{1}{n!} = 2.71828\cdots$$

$a(\neq 1) > 0,\quad f(x) = a^x$는 단사함수이고 치역이 $\mathbb{R}^+$이므로, 함수 $f(x) = a^x$의 역함수 $g : \mathbb{R}^+ \to \mathbb{R}$ 가 존재하고, 이것을 $g(x) = \log_a x,\ (x > 0)$로 나타낸다. 이 함수를 밑이 a 인 **로그함수**(logarithmic function)라 한다. a가 1이 아닌 양수일 때, $\log_a x$ 는 a^x 의 역함수이므로 다음이 성립한다.

$$y = \log_a x \Leftrightarrow x = a^y, \qquad a(\neq 1) > 0$$

밑이 10인 로그함수를 **상용로그함수**(common logarithmic function)라 하고, $\log_{10} x = \log x$로 나타낸다. 또 밑이 e인 로그함수를 **자연로그함수**(natural logarithmic function)라 하고, $\log_e x = \ln x$로 나타낸다.

정리 3.2.6 $a(\neq 1) > 0, \quad f(x) = \log_a x$

(1) $\forall x, y \in \mathbb{R}, \quad f(xy) = \log_a(xy) = \log_a x + \log_a y = f(x) + f(y)$

(2) $f(x)$는 $a > 1$이면 순증가함수이고, $0 < a < 1$이면 순감소함수이다.

(3) $f(x)$는 일대일 함수이다.

a가 1이 아닌 양수일 때, $y = \log_a x$는 $y = a^x$의 역함수이므로 두 함수의 그래프는 직선 $y = x$에 대하여 대칭이다. 따라서 로그함수의 그래프는 다음과 같다.

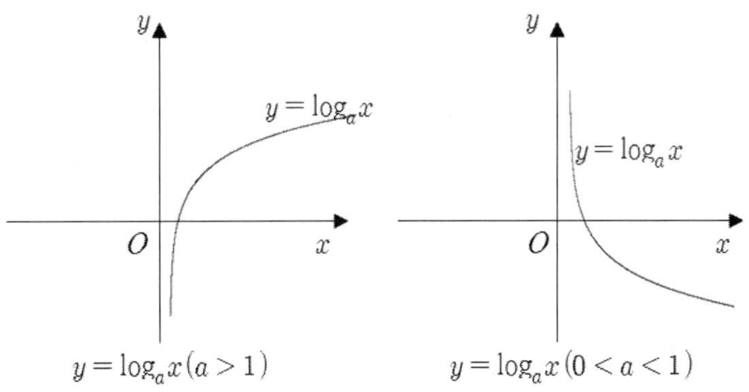

그림 10

예제 3 $a(\neq 1) > 0, \; x, y > 0$

(1) $\log_a a^x = x, \; a^{\log_a x} = x$ (2) $\log_a x^y = y \log_a x$

(3) $\log_a \dfrac{x}{y} = \log_a x - \log_a y$ (4) $x \neq 1, \; \log_a x \cdot \log_x y = \log_a y$

풀이 (1) $f(x) = \log_a x$와 $g(x) = a^x$는 역함수이므로, $\log_a a^x = f(g(x)) = x$, $a^{\log_a x} = g(f(x)) = x$이다.

(2) $m = y \log_a x$라 하면, $\dfrac{m}{y} = \log_a x$이므로, $a^{\frac{m}{y}} = x$이다. 따라서 $x^y = (a^{\frac{m}{y}})^y = a^m$이다. 그러므로 $\log_a x^y = m = y \log_a x$이다.

(3) $\log_a y + \log_a \frac{x}{y} = \log_a y \cdot \frac{x}{y} = \log_a x$ 이므로 $\log_a \frac{x}{y} = \log_a x - \log_a y$ 이다.

(4) $\log_a x = m$, $\log_x y = n$ 이라 하면, $a^m = x$, $x^n = y$ 이다. 따라서 $y = x^n = (a^m)^n = a^{mn}$ 이므로 $\log_a x \cdot \log_x y = mn = \log_a y$ 이다.

다음은 삼각함수와 삼각함수의 역함수에 대하여 알아본다.

직각삼각형의 닮음의 성질을 의해서 직각을 제외한 한 각이 같으면 직각삼각형의 비가 일정하다. 이것으로 삼각비를 정의한다. 이를 기초로 삼각함수를 정의할 수 있다. [그림 11]과 같이 좌표평면 위에 원점을 중심으로 하고 반지름의 길이가 r 인 원이 있다. 원 위의 한 점 $P(x, y)$ 에 대하여 반직선 원 위의 $\overrightarrow{OP}$ 가 x 축의 양의 방향과 이루는 각의 크기를 θ 라고 하면 다음과 6개의 삼각비의 값을 정의할 수 있다.

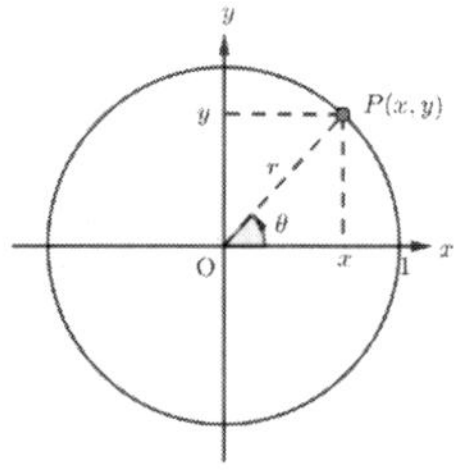

그림 11

$\sin\theta = \frac{y}{r}$	$\cos\theta = \frac{x}{r}$	$\tan\theta = \frac{y}{x}\ (x \neq 0)$
$\csc\theta = \frac{r}{y}(y \neq 0)$	$\sec\theta = \frac{r}{x}\ (x \neq 0)$	$\cot\theta = \frac{x}{y}\ (y \neq 0)$

따라서 $y = \sin\theta$, $y = \cos\theta$, $y = \tan\theta$ 를 θ 에 대한 **삼각함수**(trigonometric function)라 하고, 이들 각각 θ 의 사인함수, 코사인함수, 탄젠트함수라 한다. θ 를 x 로 놓으면 삼각함수의 그래프는 다음과 같다.

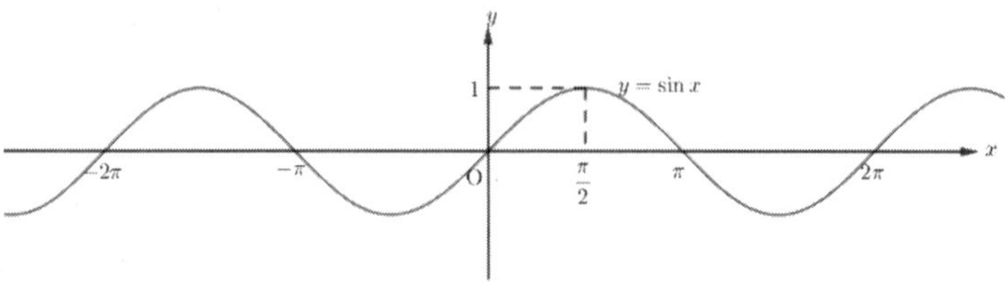

그림 12

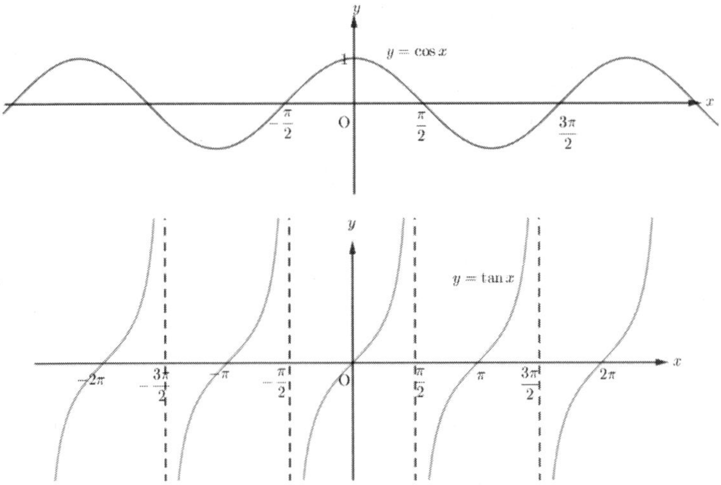

그림 12

사인함수 $y=\sin x$와 코사인함수 $y=\cos x$의 정의역은 실수 집합 $\mathbb{R}$이고 치역은 $\{y \mid -1 \le y \le 1\}$이다. 또한 $y=\sin x$의 그래프는 원점에 대해 대칭이고, $y=\cos x$의 그래프는 y축에 대해 대칭이다. 즉, $\sin(-x)=-\sin x$이고 $\cos(-x)=\cos x$이다. 이 두 함수는 모두 주기가 2π인 주기함수이다. 즉, $\sin(x+2n\pi)=\sin x$, $\cos(x+2n\pi)=\cos x (n \in \mathbb{Z})$이다. 또한 탄젠트함수 $y=\tan x$의 정의역은 $n\pi+\frac{\pi}{2}(n \in \mathbb{Z})$를 제외한 실수 집합이고 치역은 $\mathbb{R}$이다. $y=\tan x$의 그래프는 원점에 대하여 대칭이고 주기가 π인 주기함수이다. 즉 $\tan(-x)=-\tan x$, $\tan(x+n\pi)=\tan x (n \in \mathbb{Z})$이다.

정리 3.2.7 실수 θ에 대하여 다음이 성립한다.

(T1) $\cos^2\theta+\sin^2\theta=1$

(T2) $1+\tan^2\theta=\sec^2\theta$

(T3) $1+\cot^2\theta=\csc^2\theta$

증명 (T1) $\cos^2\theta+\sin^2\theta=\left(\frac{x}{r}\right)^2+\left(\frac{y}{r}\right)^2=\frac{x^2+y^2}{r^2}=\frac{r^2}{r^2}=1$

(T2) (T1)의 양변을 $\cos^2\theta$로 나누어 얻는다.

(T3) (T1)의 양변을 $\sin^2\theta$로 나누어 얻는다.

정리 3.2.8 **[삼각함수의 덧셈정리]** $\alpha, \beta \in \mathbb{R}$ 에 대해 다음이 성립한다.

(T4) $\cos(\alpha+\beta) = \cos\alpha\cos\beta - \sin\alpha\sin\beta$

(T5) $\sin(\alpha+\beta) = \sin\alpha\cos\beta + \cos\alpha\sin\beta$

(T6) $\tan(\alpha+\beta) = \dfrac{\tan\alpha + \tan\beta}{1-\tan\alpha\tan\beta}$

따름정리 3.2.9 **[배각공식]** $\theta \in \mathbb{R}$ 에 대해 다음이 성립한다.

(T7) $\sin 2\theta = 2\sin\theta\cos\theta$

(T8) $\cos 2\theta = \cos^2\theta - \sin^2\theta = 2\cos^2\theta - 1 = 1 - 2\sin^2\theta$

(T9) $\tan 2\theta = \dfrac{2\tan\theta}{1-\tan^2\theta}$

증명 (T7) (T5)에서 $\alpha = \beta = \theta$로 놓으면 성립한다.

$$\sin 2\theta = \sin(\theta+\theta) = \sin\theta\cos\theta + \cos\theta\sin\theta = 2\sin\theta\cos\theta$$

(T7) (T6)에서 $\alpha = \beta = \theta$로 놓으면 성립한다.

$$\cos 2\theta = \cos(\theta+\theta) = \cos\theta\cos\theta - \sin\theta\sin\theta = 2\cos^2\theta - 1 = 1 - 2\sin^2\theta$$

(T7) (T6)에서 $\alpha = \beta = \theta$로 놓으면 성립한다.

$$\tan 2\theta = \tan(\theta+\theta) = \frac{\tan\theta + \tan\theta}{1-\tan\theta\tan\theta} = \frac{2\tan\theta}{1-\tan^2\theta}$$

예제 4 [반각공식] $\theta \in \mathbb{R}$ 에 대해 다음이 성립한다.

(T10) $\sin^2\dfrac{\theta}{2} = \dfrac{1-\cos\theta}{2}$

(T11) $\cos^2\dfrac{\theta}{2} = \dfrac{1+\cos\theta}{2}$

(T12) $\tan^2\dfrac{\theta}{2} = \dfrac{1-\cos\theta}{1+\cos\theta}$

풀이 (T10) (T8)에서 $\cos\theta = 1 - 2\sin^2\dfrac{\theta}{2}$이므로 $\sin^2\dfrac{\theta}{2} = \dfrac{1-\cos\theta}{2}$이다.

(T11) (T8)에서 $\cos\theta = 2\cos^2\dfrac{\theta}{2} - 1$이므로 $\cos^2\dfrac{\theta}{2} = \dfrac{1+\cos\theta}{2}$이다.

(T12) (T10), (T11)로부터 $\tan^2\dfrac{\theta}{2} = \dfrac{\sin^2\dfrac{\theta}{2}}{\cos^2\dfrac{\theta}{2}} = \dfrac{1-\cos\theta}{1+\cos\theta}$이다.

사인함수 $f(x)=\sin x$는 전단사함수가 아니므로 역함수가 존재하지 않지만, 정의역을 $\left[-\frac{\pi}{2}, \frac{\pi}{2}\right]$로 제한하면 역함수를 정의할 수 있다. 즉, $f:\left[-\frac{\pi}{2}, \frac{\pi}{2}\right] \to [-1, 1]$ 라고 하면 $f(x)=\sin x$의 역함수가 존재하는데, 이것을 $y=\arcsin x$ 또는 $y=\sin^{-1}x$로 나타내고 다음이 성립한다.

$$y=\arcsin x \Leftrightarrow x=\sin y$$

같은 방법으로 코사인함수와 탄젠트함수의 정의역을 각각 $[0,\pi]$와 $(-\pi/2, \pi/2)$로 제한하면, 역함수를 다음과 같이 정의할 수 있다.

$$\arccos : [-1,1] \to [0,\pi]$$
$$\arctan : \mathbb{R} \to (-\pi/2, \pi/2)$$

$y=\arccos x$와 $y=\arctan x$를 각각 $y=\cos^{-1}x$와 $y=\tan^{-1}x$로 나타낼 수 있다.

이들을 **역삼각함수** (inverse trigonometric function)라 하고 그래프는 다음과 같다. 삼각함수와 역삼각함수의 그래프는 $y=x$에 대하여 대칭이다.

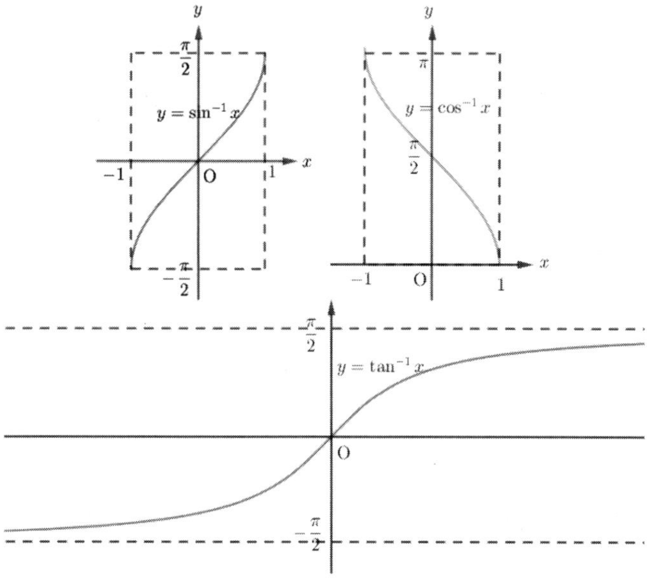

그림 13 역삼각함수

연습문제 Ⅲ-2

1 다음과 같이 정의된 $f:\mathbb{R}\to\mathbb{R}$ 이 함수인지 아닌지 구분하고 그 이유를 말하시오.

(1) $f(x)=[x]=$(x를 넘지 않는 최대 정수)

(2) $f(x)=\sqrt{x}$

2 $f:\mathbb{R}\to\mathbb{R}$ 을 각각 다음과 같이 정의할 때 $A=[-1,1]$, $B=\{-1,0,1\}$에 대하여 $f(A)$, $f(B)$, $f^{-1}(A)$, $f^{-1}(B)$를 각각 구하시오.

(1) $f(x)=2x$　　(2) $f(x)=x^2-x$　　(3) $f(x)=\sin\pi x$

3 다음과 같이 정의된 함수 $f:\mathbb{R}\to\mathbb{R}$ 가 단사, 전사, 전단사인지 아닌지 구분하고 그 이유를 말하시오.

(1) $f(x)=2x^2+5$　　(2) $f(x)=\cos x$　　(3) $f(x)=x^3-1$

4 $f(x)=3x-2$로 정의된 함수 $f:\mathbb{R}\to\mathbb{R}$ 가 전단사임을 보이고 역함수 f^{-1}를 구하시오.

5 두 함수 $f:\mathbb{R}\to\mathbb{R}$, $g:\mathbb{R}\to\mathbb{R}$ 가 $f(x)=2x^3+1$, $g(x)=\cot x$로 정의될 때 합성함수 $f\circ g$, $g\circ f$를 각각 구하시오.

6 유리함수 $f(x)=\dfrac{2x+4}{x-1}$의 그래프를 그리시오.

7 양수 a가 $a^5=\sqrt[3]{4}$를 만족한다고 할 때 다음을 a의 식으로 나타내시오.

(1) $2^{\frac{2}{3}}$　　(2) $8^{-0.25}$

8 a,b가 1이 아닌 양수일 때, 임의의 양수 x,y에 대하여 다음이 성립함을 보이시오.

(1) $\log_a 1=0,\quad \log_a a=1$　　(2) $\log_b x=\dfrac{\log_a x}{\log_a b}$

9 다음 함수의 최댓값과 최솟값을 구하시오.

(1) 정의역이 $\{x \mid 1 \leq x \leq 4\}$인 $y = 3^{x-2} - 2$

(2) 정의역이 $\{x \mid -1 \leq x \leq 2\}$인 $y = \left(\frac{1}{2}\right)^{x-1} + 2$

(3) 정의역이 $\{x \mid 3 \leq x \leq 17\}$인 $y = \log_2(x-1) + 2$

(4) 정의역이 $\{x \mid 0 \leq x \leq 24\}$인 $y = 2\log_{\frac{1}{3}}(x+3)$

10 다음 함수의 주기와 치역을 구하고, 그 그래프를 구하시오.

(1) $y = 2\sin x$

(2) $y = \sin 2x$

(3) $y = 2\cos x + 1$

(4) $y = \cos 2x$

11 θ가 실수일 때, 다음이 성립함을 보이시오.

(1) $\sin 3\theta = 3\sin\theta - 4\sin^3\theta$

(2) $\cos 3\theta = 4\cos^3\theta - 3\cos\theta$

12 다음 값을 구하시오.

(1) $\arcsin 1$

(2) $\arcsin\frac{\sqrt{3}}{2}$

(3) $\arccos 0$

(4) $\arccos\frac{\sqrt{2}}{2}$

(5) $\arctan 1$

(6) $\arctan\sqrt{3}$

13 $-1 < x < 1$일 때 $\tan(\arccos x) = \frac{\sqrt{1-x^2}}{x}$이 성립함을 보이시오.

14 x, y가 실수일 때, 다음이 성립함을 보이시오.

(1) $\sin x + \sin y = 2\sin\left(\frac{x+y}{2}\right)\cos\left(\frac{x-y}{2}\right)$

(2) $\sin x \cos y = \frac{\sin(x+y) + \sin(x-y)}{2}$

Ⅳ 행렬과 행렬식

1. 행렬 | 2. 일차방정식과 행렬 | 3. 행렬식

1 행렬

두 자연수 m, n에 대하여 mn개의 실수 a_{ij} $(1 \le i \le m,\ 1 \le j \le n)$를 다음처럼 직사각형 모양으로 배열한 A를 $m \times n$ **행렬**(行列, m by n matrix)이라 한다.

$$A = \begin{bmatrix} a_{11} & a_{12} & \cdots & a_{1n} \\ a_{21} & a_{22} & \cdots & a_{2n} \\ \vdots & \vdots & \vdots & \vdots \\ a_{m1} & a_{m2} & \cdots & a_{mn} \end{bmatrix}$$

A를 간단히 $[a_{ij}]_{m \times n}$ 또는 $[a_{ij}]$로 나타내며, a_{ij}를 A의 $\boldsymbol{ij}$**−성분**(ij−entry 또는 ij−component)이라고 부른다.

또 $[a_{i1}\ a_{i2}\ \cdots\ a_{in}]$를 i번째 **행**(row) 또는 **행벡터**(row vector)라 하고, $\begin{bmatrix} a_{1j} \\ a_{2j} \\ \vdots \\ a_{nj} \end{bmatrix}$를 j번째 **열**(column) 또는 **열벡터**(column vector)라 한다. 따라서 $m \times n$ 행렬은 m개의 행과 n개의 열을 갖는다.

예제 1 ij− 성분이 $a_{ij} = i + j$인 3×3 행렬을 구하시오.

풀이 $\begin{bmatrix} a_{11} & a_{12} & a_{13} \\ a_{21} & a_{22} & a_{23} \\ a_{31} & a_{32} & a_{33} \end{bmatrix} = \begin{bmatrix} 1+1 & 1+2 & 1+3 \\ 2+1 & 2+2 & 2+3 \\ 3+1 & 3+2 & 3+3 \end{bmatrix} = \begin{bmatrix} 2 & 3 & 4 \\ 3 & 4 & 5 \\ 4 & 5 & 6 \end{bmatrix}$

두 행렬의 덧셈은 행의 수와 열의 수가 각각 같은 경우에만 정의된다. 두 $m \times n$ 행렬 $A = [a_{ij}]$와 $B = [b_{ij}]$의 합을 $A + B = [a_{ij} + b_{ij}]$로 정의한다. 또 실수 k에 대하여 $kA = [ka_{ij}]$로 정의한다. 즉,

$$A + B = \begin{bmatrix} a_{11} + b_{11} & a_{12} + b_{12} & \cdots & a_{1n} + b_{1n} \\ a_{21} + b_{21} & a_{22} + b_{22} & \cdots & a_{2n} + b_{2n} \\ \vdots & \vdots & \vdots & \\ a_{m1} + b_{m1} & a_{m2} + b_{m2} & & a_{mn} + b_{mn} \end{bmatrix}$$

$$kA = \begin{bmatrix} ka_{11} & ka_{12} & \cdots & ka_{1n} \\ ka_{21} & ka_{22} & \cdots & ka_{2n} \\ \vdots & \vdots & \vdots & \vdots \\ ka_{m1} & ka_{m2} & \cdots & ka_{mn} \end{bmatrix}$$

두 행렬 A, B 에 대하여 $(-1)A = -A$ 로 나타내고, $A - B = A + (-B)$ 로 정의한다. 또한 모든 성분이 0인 행렬은 **영행렬** (zero matrix) 이라 하고 다음과 같이 나타낸다.

$$O = \begin{bmatrix} 0 & 0 & \cdots & 0 \\ 0 & 0 & \cdots & 0 \\ \vdots & \vdots & \vdots & \vdots \\ 0 & 0 & \cdots & 0 \end{bmatrix}$$

예 $A = \begin{bmatrix} 1 & -1 & 2 \\ 0 & -2 & 3 \end{bmatrix}$, $B = \begin{bmatrix} 3 & 2 & -1 \\ 4 & 0 & -1 \end{bmatrix}$, $O = \begin{bmatrix} 0 & 0 & 0 \\ 0 & 0 & 0 \end{bmatrix}$ 에 대하여,

$A + B = \begin{bmatrix} 4 & 1 & 1 \\ 4 & -2 & 2 \end{bmatrix}$, $-A = (-1)A = \begin{bmatrix} -1 & 1 & -2 \\ 0 & 2 & -3 \end{bmatrix}$,

$A - B = A + (-B) = \begin{bmatrix} -2 & -3 & 3 \\ -4 & -2 & 4 \end{bmatrix}$, $A + O = \begin{bmatrix} 1 & -1 & 2 \\ 0 & -2 & 3 \end{bmatrix} = A$ 이다.

정리 4.1.1 A, B, C 가 $m \times n$ 행렬이고 $\alpha, \beta \in \mathbb{R}$ 일 때, 다음이 성립한다.

(1) $A + B = B + A$

(2) $A + (B + C) = (A + B) + C$

(3) $A + O = O + A = A$

(4) $A + (-A) = (-A) + A = O$

(5) $\alpha(A + B) = \alpha A + \alpha B$

(6) $(\alpha + \beta)A = \alpha A + \beta A$

(7) $1A = A$

두 행렬의 곱셈 AB 는 A 의 열의 개수와 B 의 행의 개수가 같은 경우에만 정의된다. 즉, $m \times l$ 행렬 $A = [a_{ik}]$ 와 $l \times n$ 행렬 $B = [b_{kj}]$ 의 곱 $m \times n$ 행렬 AB 는 다음과 같이 정의할 수 있다.

$$AB = [c_{ij}], \quad c_{ij} = \sum_{k=1}^{l} a_{ik} b_{kj} = a_{i1} b_{1j} + a_{i2} b_{2j} + \cdots + a_{il} b_{lj}$$

예 (1) $\begin{bmatrix} a & b \\ c & d \end{bmatrix} \begin{bmatrix} x & y \\ z & w \end{bmatrix} = \begin{bmatrix} ax + bz & ay + bw \\ cx + dz & cy + dw \end{bmatrix}$

(2) 연립일차방정식을 행렬의 곱을 이용하여 다음과 같이 나타낼 수 있다.

$$\begin{cases} 2x-3y+z=0 \\ 4x-2y+z=1 \\ 3x+y-z=-1 \end{cases} \Leftrightarrow \begin{bmatrix} 2 & -3 & 1 \\ 4 & -2 & 1 \\ 3 & 1 & -1 \end{bmatrix}\begin{bmatrix} x \\ y \\ z \end{bmatrix}=\begin{bmatrix} 0 \\ 1 \\ -1 \end{bmatrix}$$

$A=\begin{bmatrix} 2 & -3 & 1 \\ 4 & -2 & 1 \\ 3 & 1 & -1 \end{bmatrix}$, $X=\begin{bmatrix} x \\ y \\ z \end{bmatrix}$, $B=\begin{bmatrix} 0 \\ 1 \\ -1 \end{bmatrix}$로 두면 $AX=B$이다.

행렬 $A=[a_{ij}]_{m\times n}$에 대하여 $ij-$ 성분이 a_{ji}인 행렬 $A^T=[a_{ji}]_{n\times m}$를 A의 **전치행렬**(transpose of A)이라 한다. 즉, A의 전치행렬 A^T는 A의 행과 열을 바꾼 행렬이다.

$$A=\begin{bmatrix} a_{11} & a_{12} & \cdots & a_{1n} \\ a_{21} & a_{22} & \cdots & a_{2n} \\ \vdots & \vdots & & \vdots \\ a_{m1} & a_{m2} & \cdots & a_{mn} \end{bmatrix} \Rightarrow A^T=\begin{bmatrix} a_{11} & a_{21} & \cdots & a_{m1} \\ a_{12} & a_{22} & \cdots & a_{m2} \\ \vdots & \vdots & & \vdots \\ a_{1n} & a_{2n} & \cdots & a_{mn} \end{bmatrix}$$

예 $A=\begin{bmatrix} 2 & -3 & 1 \\ 4 & -2 & 1 \\ 3 & 1 & -1 \end{bmatrix}$의 전치행렬은 $A^T=\begin{bmatrix} 2 & 4 & 3 \\ -3 & -2 & 1 \\ 1 & 1 & -1 \end{bmatrix}$이다.

정리 4.1.2 $m\times l$ 행렬 $A=[a_{ik}]$와 $l\times n$ 행렬 $B=[b_{kj}]$에 대하여 다음이 성립한다.

(1) $(A^T)^T=A$ (2) $(AB)^T=B^TA^T$

행의 수와 열의 수가 같은 행렬을 **정사각행렬**(square matrix)이라 하며, 정사각행렬 A에 대하여 $a_{11}, a_{22}, \cdots, a_{nn}$을 **주대각선성분**(main diagonal component / entry)이라 한다.

$$A=\begin{bmatrix} a_{11} & a_{12} & \cdots & a_{1n} \\ a_{21} & a_{22} & \cdots & a_{2n} \\ \vdots & \vdots & \vdots & \vdots \\ a_{n1} & a_{n2} & \cdots & a_{nn} \end{bmatrix}$$

예 정사각행렬 $\begin{bmatrix} a_{11} & a_{12} & a_{13} \\ a_{21} & a_{22} & a_{23} \\ a_{31} & a_{32} & a_{33} \end{bmatrix}$의 주대각선성분은 a_{11}, a_{22}, a_{33}이다.

주대각선성분을 제외한 모든 성분이 0인 행렬을 **대각행렬**(diagonal matrix)이라 한다. 또, 주대각선성분의 위나 아래의 모든 성분이 0인 행렬을 **삼각행렬**(triangular matrix)이라 한다.

예 $\begin{bmatrix} a_{11} & 0 & 0 \\ 0 & a_{22} & 0 \\ 0 & 0 & a_{33} \end{bmatrix}$ 는 대각행렬이고, $\begin{bmatrix} a_{11} & a_{12} & a_{13} \\ 0 & a_{22} & a_{23} \\ 0 & 0 & a_{33} \end{bmatrix}$ 는 삼각행렬이다.

주대각성분이 모두 1이고 나머지 성분은 모든 0인 정사각행렬 I_n 을 **단위행렬**(unit matrix) 또는 **항등행렬**(identity matrix)이라 부른다. I_n 을 간단히 I 로 나타내기도 한다.

$$I = I_n = \begin{bmatrix} 1 & 0 & \cdots & 0 \\ 0 & 1 & \cdots & 0 \\ \vdots & \vdots & \vdots & \vdots \\ 0 & 0 & \cdots & 1 \end{bmatrix}$$

예 $AI = \begin{bmatrix} a_{11} & a_{12} & a_{13} \\ a_{21} & a_{22} & a_{23} \\ a_{31} & a_{32} & a_{33} \end{bmatrix} \begin{bmatrix} 1 & 0 & 0 \\ 0 & 1 & 0 \\ 0 & 0 & 1 \end{bmatrix} = \begin{bmatrix} a_{11} & a_{12} & a_{13} \\ a_{21} & a_{22} & a_{23} \\ a_{31} & a_{32} & a_{33} \end{bmatrix} = A$

$IA = \begin{bmatrix} 1 & 0 & 0 \\ 0 & 1 & 0 \\ 0 & 0 & 1 \end{bmatrix} \begin{bmatrix} a_{11} & a_{12} & a_{13} \\ a_{21} & a_{22} & a_{23} \\ a_{31} & a_{32} & a_{33} \end{bmatrix} = \begin{bmatrix} a_{11} & a_{12} & a_{13} \\ a_{21} & a_{22} & a_{23} \\ a_{31} & a_{32} & a_{33} \end{bmatrix} = A$

정리 4.1.3 행렬 A, B, C 에 대하여 다음이 성립한다.

(1) A는 $m \times l$ 행렬이고 B, C는 $l \times n$ 행렬이면
$A(B+C) = AB + AC$ 이고, $\forall \alpha \in \mathbb{R}$, $(\alpha A)B = \alpha(AB)$ 이다.

(2) A는 $m \times l$ 행렬, B 는 $l \times k$ 행렬, C 는 $k \times n$ 행렬이면
$A(BC) = (AB)C$ 이다.

(3) A가 $n \times n$ 행렬이면, $AI_n = I_n A = A$ 이다.

(4) A가 $n \times n$ 행렬이면, $AO = OA = O$ 이다.

[주의] 일반적으로 행렬의 곱셈에서 곱셈에 대한 교환법칙이 성립하지 않는다.
즉, $AB \neq BA$ 이다.

예 $A = \begin{bmatrix} 1 & 2 \\ 2 & 3 \end{bmatrix}$ 이고 $B = \begin{bmatrix} 0 & 2 \\ 1 & 1 \end{bmatrix}$ 이면

$AB = \begin{bmatrix} 1 & 2 \\ 2 & 3 \end{bmatrix} \begin{bmatrix} 0 & 2 \\ 1 & 1 \end{bmatrix} = \begin{bmatrix} 2 & 4 \\ 3 & 7 \end{bmatrix} \neq \begin{bmatrix} 4 & 6 \\ 3 & 5 \end{bmatrix} = BA$ 이다.

정사각행렬 A에 대하여 다음처럼 나타내기로 한다.

$$A^0=I,\ A^1=A,\ A^2=AA,\ \cdots,\ A^k=A^{k-1}A$$

정사각행렬 A에 대하여 $AB=BA=I$를 만족하는 행렬 B가 존재할 때, A를 **가역행렬**(invertible matrix)이라 한다. 이때 B를 A의 **역행렬**(逆行列, inverse)이라고 하며 $B=A^{-1}$로 나타낸다.

예 $A=\begin{bmatrix}1&2\\2&3\end{bmatrix}$이고 $B=\begin{bmatrix}-3&2\\2&-1\end{bmatrix}$이면

$AB=\begin{bmatrix}1&2\\2&3\end{bmatrix}\begin{bmatrix}-3&2\\2&-1\end{bmatrix}=\begin{bmatrix}1&0\\0&1\end{bmatrix}=I_2$,

$BA=\begin{bmatrix}-3&2\\2&-1\end{bmatrix}\begin{bmatrix}1&2\\2&3\end{bmatrix}=\begin{bmatrix}1&0\\0&1\end{bmatrix}=I_2$ 이므로 $B=A^{-1}$이다.

정리 4.1.4

(1) A, B, C가 $n\times n$ 행렬일 때, $AB=BA=I$, $AC=CA=I$이면 $B=C$이다. 즉, A의 역행렬은 단 하나 있다.

(2) A, B의 역행렬이 각각 존재하면 AB의 역행렬이 존재하고

$$(AB)^{-1}=B^{-1}A^{-1}$$

이다.

증명 (1) $AB=BA=I$, $AC=CA=I$이면

$C=CI=C(AB)=(CA)B=IB=B$이다. 즉, $B=C$이다.

(2) $(AB)(B^{-1}A^{-1})=A(BB^{-1})A^{-1}=(AI)A^{-1}=AA^{-1}=I$이므로

$(AB)^{-1}=B^{-1}A^{-1}$이다.

예제 2 행렬 $A=\begin{bmatrix}a&b\\c&d\end{bmatrix}$의 역행렬이 존재할 필요충분조건은 $ad-bc\neq 0$이며, 이때, $A^{-1}=\dfrac{1}{ad-bc}\begin{bmatrix}d&-b\\-c&a\end{bmatrix}$임을 보이시오.

풀이 $B=\begin{bmatrix}x&y\\z&w\end{bmatrix}$가 A의 역행렬일 필요충분조건은 다음을 만족하는 것이다.

$$AB=\begin{bmatrix}a&b\\c&d\end{bmatrix}\begin{bmatrix}x&y\\z&w\end{bmatrix}=\begin{bmatrix}ax+bz&ay+bw\\cx+dz&cy+dw\end{bmatrix}=\begin{bmatrix}1&0\\0&1\end{bmatrix}$$

$ax+bz=1$, $ay+bw=0$, $cx+dz=0$, $cy+dw=1$의 해가 존재해야 한다. 위의 방정식을 x, y, z, w에 대해 정리하면 $(ad-bc)x=d$, $(ad-bc)y=-b$, $(ad-bc)z=-c$, $(ad-bc)w=a$이다. 이 방정식이 해를 가지려면 $ad-bc\neq 0$이어야 한다.

역으로 $ad-bc\neq 0$이면 이 방정식은 다음과 같은 해를 갖는다.

$$x=\frac{d}{ad-bc},\quad y=\frac{-b}{ad-bc},\quad z=\frac{-c}{ad-bc},\quad w=\frac{a}{ad-bc}$$

즉, A의 역행렬 B는 다음과 같다.

$$B=A^{-1}=\begin{bmatrix} x & y \\ z & w \end{bmatrix}=\frac{1}{ad-bc}\begin{bmatrix} d & -b \\ -c & a \end{bmatrix}$$

예 $A=\begin{bmatrix} 2 & -1 \\ 3 & 1 \end{bmatrix}$은 $ad-bc=5\neq 0$이므로 역행렬이 존재한다.

따라서 $A^{-1}=\frac{1}{ad-bc}\begin{bmatrix} d & -b \\ -c & a \end{bmatrix}=\frac{1}{5}\begin{bmatrix} 1 & 1 \\ -3 & 2 \end{bmatrix}$이다.

연습문제 Ⅳ-1

1 두 행렬 $A=\begin{bmatrix}1 & 3 & -2\\ 2 & -1 & 4\\ 3 & 2 & 2\end{bmatrix}$, $B=\begin{bmatrix}2 & -1 & 3\\ 1 & 4 & 0\\ -3 & 2 & 4\end{bmatrix}$에 대하여 다음을 구하시오.

(1) A^2　　(2) AB　　(3) BA

(4) A^T　　(5) $A+A^T$　　(6) $B-B^T$

2 $\theta\in\mathbb{R}$, $A=\begin{bmatrix}\cos\theta & -\sin\theta\\ \sin\theta & \cos\theta\end{bmatrix}$일 때 A^2, A^3을 구하고 $A^n\,(n\in\mathbb{N})$을 추정하시오.

3 $A^2+I_2=O$인 2×2 행렬 A를 2개 구하시오.

4 다음 연립방정식을 행렬을 써서 $AX=B$의 형태로 나타내시오.

(1) $\begin{cases}2x-3y=1\\ -x+2y=2\end{cases}$　　(2) $\begin{cases}2x+2y+3z=1\\ 4y-5z=2\\ x-y-z=3\end{cases}$

5 $(A+B)^2\neq A^2+2AB+B^2$인 두 행렬 A, B의 예를 드시오.

6 다음 행렬의 역행렬이 존재하는지 조사하고, 존재하면 구하시오.

(1) $\begin{bmatrix}2 & 1\\ -4 & -2\end{bmatrix}$　　(2) $\begin{bmatrix}4 & 1\\ 1 & 2\end{bmatrix}$　　(3) $\begin{bmatrix}1 & 1\\ 1 & 0\end{bmatrix}$

7 삼각행렬과 대각행렬의 예를 각각 2가지 이상 제시하시오.

8 $A=A^T$를 만족하는 정사각행렬 A를 **대칭행렬**(symmetric matrix)이라 한다. 임의의 정사각행렬 A에 대하여 $A+A^T$는 대칭행렬임을 보이시오.

9 세 행렬 $A=\begin{bmatrix}3 & -1\\ 6 & -2\end{bmatrix}$, $B=\begin{bmatrix}4 & 1\\ 2 & 4\end{bmatrix}$, $C=\begin{bmatrix}3 & 3\\ -1 & 10\end{bmatrix}$에 대해 $AB=AC$이고 $A\neq 0$이지만 $B\neq C$임을 보이시오.

2 일차방정식과 행렬

미지수가 2개인 연립일차방정식의 $\begin{cases} -x+2y=3 \\ 2x+4y=10 \end{cases}$ 의 풀이과정을 계수에 주목해서 살펴볼 수 있다. 주어진 방정식의 계수는 다음 식의 오른쪽과 같다.

$$\begin{cases} -x+2y=3 & -① \\ 2x+4y=10 & -② \end{cases} \qquad \left[\begin{array}{cc|c} -1 & 2 & 3 \\ 2 & 4 & 10 \end{array}\right]$$

$$\to ①\times 2+② : \begin{cases} -x+2y=3 & -① \\ 0\cdot x+8y=16 & -② \end{cases} \qquad \left[\begin{array}{cc|c} -1 & 2 & 3 \\ 0 & 8 & 16 \end{array}\right]$$

$$\to ②\times 1/8 : \begin{cases} -x+2y=3 & -① \\ 0\cdot x+y=2 & -② \end{cases} \qquad \left[\begin{array}{cc|c} -1 & 2 & 3 \\ 0 & 1 & 2 \end{array}\right]$$

$$\to ②\times -2+① : \begin{cases} -x+0\cdot y=-1 & -① \\ 0\cdot x+y=2 & -② \end{cases} \qquad \left[\begin{array}{cc|c} -1 & 0 & -1 \\ 0 & 1 & 2 \end{array}\right]$$

$$\to ①\times -1 : \begin{cases} x+0\cdot y=1 \\ 0\cdot x+y=2 \end{cases} \qquad \left[\begin{array}{cc|c} 1 & 0 & 1 \\ 0 & 1 & 2 \end{array}\right]$$

$$\therefore\ x=1,\ y=2$$

위의 풀이에서 x, y 는 미지수임을 나타낼 뿐, 실제로 방정식을 푸는 데는 x, y의 계수와 상수항만으로 충분하다는 것을 보여준다.

일반적으로 다음과 같은 연립일차방정식(*)의 계수와 상수항만을 나타낸 행렬을 주어진 방정식(*)의 **확대행렬** (augmented matrix)이라 하고, 계수만으로 이뤄진 행렬을 이 방정식(*)의 **계수행렬** (cofficient matrix)이라 한다.

$$\text{연립일차방정식 (*)} \begin{cases} a_{11}x_1+a_{12}x_2+\cdots+a_{1n}x_n=b_1 \\ a_{21}x_1+a_{22}x_2+\cdots+a_{2n}x_n=b_2 \\ \cdots \quad \cdots \quad \cdots \quad \cdots \quad \cdots \\ a_{m1}x_1+a_{m2}x_2+\cdots+a_{mn}x_n=b_m \end{cases}$$

$$\Rightarrow \ \text{확대행렬}: \left[\begin{array}{cccc|c} a_{11} & a_{12} & \cdots & a_{1n} & b_1 \\ a_{21} & a_{22} & \cdots & a_{2n} & b_2 \\ \cdots & \cdots & \cdots & \cdots & \cdots \\ a_{m1} & a_{m2} & \cdots & a_{mn} & b_m \end{array}\right], \quad \text{계수행렬}: \begin{bmatrix} a_{11} & a_{12} & \cdots & a_{1n} \\ a_{21} & a_{22} & \cdots & a_{2n} \\ \cdots & \cdots & \cdots & \cdots \\ a_{m1} & a_{m2} & \cdots & a_{mn} \end{bmatrix}$$

앞의 연립일차방정식(*)을 풀기 위해 보통 다음 절차를 반복하면 된다.

(1) 한 방정식에 0이 아닌 상수를 곱하기

(2) 한 방정식에 다른 방정식의 상수배를 더하기

(3) 두 방정식을 서로 바꾸기

이때 그 방정식의 확대행렬은 다음 절차를 반복한다.

(1) 한 행에 0이 아닌 상수를 곱하기 (2) 한 행에 다른 행의 상수배를 더하기 (3) 두 행을 서로 바꾸기

이 과정을 계속하여 계수행렬이 단위(항등)행렬이 되어

$$\left[\begin{array}{cccc|c} 1 & 0 & \cdots & 0 & c_1 \\ 0 & 1 & \cdots & 0 & c_2 \\ \cdots & \cdots & \cdots & \cdots & \cdots \\ 0 & 0 & \cdots & 1 & c_m \end{array}\right]$$ 의 형태로 바꿀 수 있으면

연립일차방정식(*)의 해는 $x_1 = c_1,\ x_2 = c_2,\ \cdots,\ x_n = c_n$으로 주어진다.

앞의 (1), (2), (3)을 **기본행연산** (elementary row operation)이라 한다. 즉, 연립일차방정식을 푸는 과정은 결국 그 확대행렬을 기본행연산을 써서 바꾸어 가는 과정과 같다. 이것을 **가우스소거법** (Gaussian elimination)이라 한다.

예제 1 가우스소거법을 써서 다음 방정식의 해를 구하시오.

$$\begin{cases} 2x - 3y + 5z = 6 \\ x - y - z = -3 \\ y - 2z = -2 \end{cases}$$

풀이 확대행렬 $\left[\begin{array}{ccc|c} 2 & -3 & 5 & 6 \\ 1 & -1 & -1 & -3 \\ 0 & 1 & -2 & -2 \end{array}\right]$에 기본행연산을 사용하여 해를 구한다.

$$\left[\begin{array}{ccc|c} 2 & -3 & 5 & 6 \\ 1 & -1 & -1 & -3 \\ 0 & 1 & -2 & -2 \end{array}\right] \rightarrow (③+②): \left[\begin{array}{ccc|c} 2 & -3 & 5 & 6 \\ 1 & 0 & -3 & -5 \\ 0 & 1 & -2 & -2 \end{array}\right]$$

$$\rightarrow (-2\times②+①): \left[\begin{array}{ccc|c} 0 & -3 & 11 & 16 \\ 1 & 0 & -3 & -5 \\ 0 & 1 & -2 & -2 \end{array}\right] \rightarrow (3\times③+①): \left[\begin{array}{ccc|c} 0 & 0 & 5 & 10 \\ 1 & 0 & -3 & -5 \\ 0 & 1 & -2 & -2 \end{array}\right]$$

$$\rightarrow (①\times 1/5): \left[\begin{array}{ccc|c} 0 & 0 & 1 & 2 \\ 1 & 0 & -3 & -5 \\ 0 & 1 & -2 & -2 \end{array}\right] \rightarrow (3\times①+②): \left[\begin{array}{ccc|c} 0 & 0 & 1 & 2 \\ 1 & 0 & 0 & 1 \\ 0 & 1 & 0 & 2 \end{array}\right]$$

$$\rightarrow (①\leftrightarrow②),\ (②\leftrightarrow③) \left[\begin{array}{ccc|c} 1 & 0 & 0 & 1 \\ 0 & 1 & 0 & 2 \\ 0 & 0 & 1 & 2 \end{array}\right] \qquad \therefore x = 1,\ y = 2,\ z = 3$$

일반적으로 앞의 예제처럼 모든 방정식이 단 하나의 해를 갖는 것이 아니며, 또 기본행

연산을 통하여 모든 행렬을 단위(항등)행렬로 고칠 수 없다. 따라서 계수행렬이 단위행렬로 고쳐지지 않는 경우 기본행연산을 반복 사용하여 다음과 같은 성질을 만족하는 행렬이 되도록 하는데, 이것을 그 행렬의 **행제형**(reduced row echelon form)이라 한다.

(1) 각 행이 0이 아닌 맨 왼쪽 성분은 1이다.
    [이것을 그 행의 **첫째 1**(leading 1)이라 부른다.]
(2) 모든 성분이 0인 행들은 행렬의 아랫부분에 위치한다. (이것을 O행이라 한다.)
(3) 첫째 1이 있는 열의 나머지 성분은 모두 0이다.
(4) O행이 아닌 두 행은 첫째 1이 왼쪽에 있는 것이 위에 위치한다.

예 (1) $\begin{bmatrix} 1 & 0 & 0 \\ 0 & 1 & 1 \\ 0 & 0 & 0 \end{bmatrix}$과 $\begin{bmatrix} 1 & 0 & 0 \\ 0 & 0 & 1 \\ 0 & 0 & 0 \end{bmatrix}$는 모두 행제형이다

(2) $\begin{bmatrix} 1 & 0 & 2 \\ 0 & 1 & 1 \\ 1 & 0 & 0 \end{bmatrix}$과 $\begin{bmatrix} 1 & 0 & 0 \\ 0 & 1 & 0 \\ 0 & 0 & 2 \end{bmatrix}$는 모두 행제형이 아니다.

예제 2 행제형을 이용하여 다음 방정식의 해를 구하시오.

$$(*)\begin{cases} x - 2z = 1 & --① \\ x + y - z = 3 & --② \\ y + z = 2 & --③ \end{cases}$$

풀이 다음과 같이 확대행렬에 기본행연산을 사용하여 해를 구한다.

$$\left[\begin{array}{ccc|c} 1 & 0 & -2 & 1 \\ 1 & 1 & -1 & 3 \\ 0 & 1 & 1 & 2 \end{array}\right] \to (①\times-1+②) \left[\begin{array}{ccc|c} 1 & 0 & -2 & 1 \\ 0 & 1 & 1 & 2 \\ 0 & 1 & 1 & 2 \end{array}\right]$$

$$\to (②\times-1+③) \left[\begin{array}{ccc|c} 1 & 0 & -2 & 1 \\ 0 & 1 & 1 & 2 \\ 0 & 0 & 0 & 0 \end{array}\right]$$

$\Rightarrow$ 방정식 (*)는 $(**)\begin{cases} x - 2z = 1 \\ y + z = 2 \end{cases}$ 과 동치이다.

(**)에서 $z = t$ 라 하면 해는 $x = 2t + 1,\ y = -t + 2,\ z = t\ \ (t \in \mathbb{R})$이다.
즉, 이 방정식의 해는 무수히 많다.

예제 3 행제형을 이용하여 다음 방정식의 해를 구하시오.

$$(*)\begin{cases} x+2y-\ z=\ 1 -- ① \\ x-\ y+2z=-3 -- ② \\ x+5y-4z=\ 6 -- ③ \end{cases}$$

풀이 다음과 같이 확대행렬에 기본행연산을 사용하여 해를 구한다.

$$\left[\begin{array}{ccc|c} 1 & 2 & -1 & 1 \\ 1 & -1 & 2 & -3 \\ 1 & 5 & -4 & 6 \end{array}\right] \to (①\times -1+②)(①\times -1+③) \left[\begin{array}{ccc|c} 1 & 2 & -1 & 1 \\ 0 & -3 & 3 & -4 \\ 0 & 3 & -3 & 5 \end{array}\right]$$

$$\to (②+③)(②\times -1/3) \left[\begin{array}{ccc|c} 1 & 2 & -1 & 1 \\ 0 & 1 & -1 & 4/3 \\ 0 & 0 & 0 & 1 \end{array}\right]$$

$$\to (②\times -2+①) \left[\begin{array}{ccc|c} 1 & 0 & 1 & -5/3 \\ 0 & 1 & -1 & 4/3 \\ 0 & 0 & 0 & 1 \end{array}\right]$$

$\Rightarrow$ 방정식 (*)는 $(**)\begin{cases} x+z=-\dfrac{5}{3} \\ y-z=\dfrac{4}{3} \\ 0=1 \end{cases}$ 과 동치이다.

따라서 이 방정식을 만족하는 해는 없다.

단위행렬 I_n 에 단 한 번의 기본행연산을 시행하여 얻은 행렬을 **기본행렬**(elementary matrix)이라 한다.

예 (1) $\begin{bmatrix} 1&0&0 \\ 0&1&2 \\ 0&0&1 \end{bmatrix}$, $\begin{bmatrix} 1&0&0 \\ 0&0&1 \\ 0&1&0 \end{bmatrix}$, $\begin{bmatrix} 1&0&0 \\ 0&2&0 \\ 0&0&1 \end{bmatrix}$ 은 기본행렬이다. cf. $I_3=\begin{bmatrix} 1&0&0 \\ 0&1&0 \\ 0&0&1 \end{bmatrix}$

(2) $\begin{bmatrix} 1&0&2 \\ 0&1&0 \\ 1&0&0 \end{bmatrix}$, $\begin{bmatrix} 1&0&0 \\ 0&1&2 \\ 0&0&2 \end{bmatrix}$, $\begin{bmatrix} 2&2&0 \\ 0&1&0 \\ 0&0&1 \end{bmatrix}$ 은 기본행렬이 아니다.

보조정리 4.2.1 A가 $n\times n$ 행렬일 때, 다음이 성립한다.

(1) $n\times n$ 행렬 E가 기본행렬이면, EA는 E를 얻을 때 단위행렬 I에 행한 기본행연산을 A에 시행한 행렬이다.

(2) 모든 기본행렬은 역행렬을 갖는다.

(3) $n \times n$ 행렬 A의 행제형을 R이라고 하면, $R = E_m E_{m-1} \cdots E_2 E_1 A$를 만족하는 기본행렬 $E_1, E_2, \ldots, E_m$이 존재한다.

예 (1) $E = \begin{bmatrix} 1 & 2 \\ 0 & 1 \end{bmatrix}$이면 $E^{-1} = \begin{bmatrix} 1 & -2 \\ 0 & 1 \end{bmatrix}$이다. $(\because EE^{-1} = I)$

$A = \begin{bmatrix} 1 & -1 \\ -1 & 2 \end{bmatrix}$이면 EA는 A의 1행에 2행의 2배를 더한 것이다.

$$EA = \begin{bmatrix} -1 & 3 \\ -1 & 2 \end{bmatrix} = \begin{bmatrix} 1 & 2 \\ 0 & 1 \end{bmatrix} \begin{bmatrix} 1 & -1 \\ -1 & 2 \end{bmatrix}$$

(2) $A = \begin{bmatrix} 1 & -1 \\ -1 & 2 \end{bmatrix}$의 행제형은 I이고,

$E_1 = \begin{bmatrix} 1 & 0 \\ 1 & 1 \end{bmatrix}$, $E_2 = \begin{bmatrix} 1 & 1 \\ 0 & 1 \end{bmatrix}$로 두면 $I = E_2 E_1 A$이다.

$$E_2 E_1 A = \begin{bmatrix} 1 & 1 \\ 0 & 1 \end{bmatrix} \begin{bmatrix} 1 & 0 \\ 1 & 1 \end{bmatrix} \begin{bmatrix} 1 & -1 \\ -1 & 2 \end{bmatrix} = \begin{bmatrix} 2 & 1 \\ 1 & 1 \end{bmatrix} \begin{bmatrix} 1 & -1 \\ -1 & 2 \end{bmatrix} = \begin{bmatrix} 1 & 0 \\ 0 & 1 \end{bmatrix} = I$$

$n \times n$ 행렬 A가 O 행을 가지면 모든 행렬 B에 대하여 AB도 O 행을 가지므로 $AB = I$인 B는 존재하지 않는다. 따라서 A는 가역행렬이 아니다. 그러므로 가역인 $n \times n$ 행렬에는 O 행이 존재할 수 없다. 그런데 $n \times n$ 행렬의 행제형 중 O 행을 갖지 않는 것은 I뿐이므로, 정사각행렬 중에서 역행렬을 가지는 행제형은 I뿐임을 알 수 있다.

정리 4.2.2 $n \times n$ 행렬 A가 역행렬을 가질 필요충분조건은 A의 행제형이 I인 것이다. 또 이때 A^{-1}는 A로부터 I를 얻을 때 시행한 기본행연산을 I에 똑같이 시행하여 얻는 행렬이다.

예제 4 행렬 $A = \begin{bmatrix} 0 & 0 & 1 \\ 0 & 1 & 1 \\ 1 & 1 & 1 \end{bmatrix}$의 역행렬을 구하시오.

풀이 다음과 같이 A와 단위행렬 I를 나란히 두고 A로부터 I를 얻을 때까지 동일한 기본행연산을 양쪽에 시행한다.

$$\left[\begin{array}{ccc|ccc} 0 & 0 & 1 & 1 & 0 & 0 \\ 0 & 1 & 1 & 0 & 1 & 0 \\ 1 & 1 & 1 & 0 & 0 & 1 \end{array}\right] \rightarrow (②\times -1+③) \left[\begin{array}{ccc|ccc} 0 & 0 & 1 & 1 & 0 & 0 \\ 0 & 1 & 1 & 0 & 1 & 0 \\ 1 & 0 & 0 & 0 & -1 & 1 \end{array}\right]$$

$$\rightarrow (①\times -1+②)\ \left[\begin{array}{ccc|ccc} 0 & 0 & 1 & 1 & 0 & 0 \\ 0 & 1 & 0 & -1 & 1 & 0 \\ 1 & 0 & 0 & 0 & -1 & 1 \end{array}\right]$$

$$\rightarrow (①\leftrightarrow ③)\ \left[\begin{array}{ccc|ccc} 1 & 0 & 0 & 0 & -1 & 1 \\ 0 & 1 & 0 & -1 & 1 & 0 \\ 0 & 0 & 1 & 1 & 0 & 0 \end{array}\right]$$

$$\therefore\ A^{-1} = \begin{bmatrix} 0 & -1 & 1 \\ -1 & 1 & 0 \\ 1 & 0 & 0 \end{bmatrix}$$

연습문제 Ⅳ-2

1 행렬 $\begin{bmatrix} 1 & 2 \\ 3 & 4 \end{bmatrix}$의 행제형을 구하시오.

2 $abc \neq 0$이고 x, y, z는 서로 다를 때, 다음 행렬의 행제형을 구하시오.

(1) $\begin{bmatrix} a & b & c \\ 0 & b & c \\ 0 & 0 & c \end{bmatrix}$ (2) $\begin{bmatrix} 1 & x & x^2 \\ 1 & y & y^2 \\ 1 & z & z^2 \end{bmatrix}$

3 가우스소거법을 써서 다음 방정식의 해를 구하시오.

(1) $\begin{cases} x - y = 7 \\ 2x + 2y = -2 \end{cases}$ (2) $\begin{cases} 3x - 4y = 2 \\ 2x + 3y = 7 \end{cases}$

(3) $\begin{cases} x - 2y + 5z = 3 \\ 2x - 3y + z = -2 \\ y - 2z = -1 \end{cases}$ (4) $\begin{cases} 2x + y - 2z = 1 \\ x + 2y + z = 5 \\ 3x + y - z = 4 \end{cases}$

(5) $\begin{cases} 2x + 3y - z = 0 \\ x - y + 2z = 0 \\ x + 2y - z = 0 \end{cases}$ (6) $\begin{cases} x + y + z = 1 \\ x + z = 1 \\ 2x + y + 2z = 0 \end{cases}$

4 다음 중 기본행렬이 아닌 것을 찾고, 그 이유를 말하시오.

(1) $\begin{bmatrix} 1 & 0 & 0 \\ 0 & 1 & -1 \\ 0 & 0 & 1 \end{bmatrix}$ (2) $\begin{bmatrix} 4 & 0 & 0 \\ 0 & 1 & 0 \\ 1 & 0 & 1 \end{bmatrix}$ (3) $\begin{bmatrix} 0 & 0 & 1 \\ 0 & 1 & 0 \\ 1 & 0 & 6 \end{bmatrix}$

5 다음 행렬의 역행렬을 구하시오.

(1) $\begin{bmatrix} 1 & 1 & 1 \\ 1 & -1 & 1 \\ 1 & 0 & -2 \end{bmatrix}$ (2) $\begin{bmatrix} 0 & 1 & 3 \\ 1 & 2 & 0 \\ 2 & 4 & 2 \end{bmatrix}$ (3) $\begin{bmatrix} 1 & a & b \\ 0 & 1 & c \\ 0 & 0 & 1 \end{bmatrix}$

6 행렬 $\begin{bmatrix} 1 & 1 & 0 \\ 0 & 1 & 0 \\ 0 & 0 & 1 \end{bmatrix}$의 행제형을 그 행렬과 기본행렬의 곱으로 나타내시오.

3 행렬식

정사각행렬에는 **행렬식**(determinant) 이라고 하는 상수값을 정의할 수 있다. 정사각행렬 A의 행렬식은 $|A|$ 또는 $\det A$로 나타낸다. 2×2 행렬 $A=\begin{bmatrix} a & b \\ c & d \end{bmatrix}$의 행렬식은 다음과 같이 정의한다.

$$|A|=\begin{vmatrix} a & b \\ c & d \end{vmatrix}= ad-bc$$

예 $\begin{vmatrix} 1 & 2 \\ 3 & 4 \end{vmatrix}=1\times 4-2\times 3=-2,\qquad \begin{vmatrix} 2 & -1 \\ 1 & -1 \end{vmatrix}=2\times(-1)-(-1)\times 1=-1$

일반적으로 $n\geq 3$일 때, $n\times n$ 행렬의 행렬식은 더 작은 크기의 행렬식을 이용하여 정의한다. $n\times n$ 행렬 A에 대하여 A의 i행과 j열$(1\leq i,j\leq n)$을 뺀 행렬을 A_{ij}로 나타내고 $C_{ij}=(-1)^{i+j}|A_{ij}|$를 성분 a_{ij}의 **여인수**(cofactor)라 한다. 예를 들어 3×3 행렬의 행렬식을 다음과 같이 나타낼 수 있다.

$$|A|=\begin{vmatrix} a_{11} & a_{12} & a_{13} \\ a_{21} & a_{22} & a_{23} \\ a_{31} & a_{32} & a_{33} \end{vmatrix}=a_{11}\begin{vmatrix} a_{22} & a_{23} \\ a_{32} & a_{33} \end{vmatrix}-a_{12}\begin{vmatrix} a_{21} & a_{23} \\ a_{31} & a_{33} \end{vmatrix}+a_{13}\begin{vmatrix} a_{21} & a_{22} \\ a_{31} & a_{32} \end{vmatrix}=a_{11}C_{11}+a_{12}C_{12}+a_{13}C_{13}$$

$$=a_{11}(a_{22}a_{33}-a_{23}a_{32})-a_{12}(a_{21}a_{33}-a_{23}a_{31})+a_{13}(a_{21}a_{32}-a_{22}a_{31})$$

$$=a_{11}a_{22}a_{33}+a_{12}a_{23}a_{31}+a_{13}a_{21}a_{32}-(a_{11}a_{23}a_{32}+a_{12}a_{21}a_{33}+a_{13}a_{22}a_{31})$$

예 $A=\begin{bmatrix} 1 & -2 & 1 \\ 0 & 2 & 4 \\ 6 & 0 & 3 \end{bmatrix}$이면 $A_{11}=\begin{bmatrix} 2 & 4 \\ 0 & 3 \end{bmatrix}$, $A_{23}=\begin{bmatrix} 1 & -2 \\ 6 & 0 \end{bmatrix}$이다.

따라서 a_{11}의 여인수 $C_{11}=(-1)^{1+1}|A_{11}|=1\times(6-0)=6$이고, a_{23}의 여인수 $C_{23}=(-1)^{2+3}|A_{23}|=(-1)\times(0-(-12))=-12$이다.

일반적으로 $n\times n$ 행렬 $A=[a_{ij}]$의 행렬식은 다음과 같이 정의한다.

$$|A|=a_{11}C_{11}+a_{12}C_{12}+\cdots+a_{1n}C_{1n}$$

이와 같이 행렬식을 정의하는 것은 행렬식의 **여인수전개**(cofactor expansion)라 한다.

예제 1 정의에 따라 행렬식을 구하여라.

(1) $\begin{vmatrix} 2 & 3 & -1 \\ 0 & 1 & 5 \\ 2 & 1 & -2 \end{vmatrix}$　　(2) $\begin{vmatrix} a_{11} & 0 & 0 \\ a_{21} & a_{22} & 0 \\ a_{31} & a_{32} & a_{33} \end{vmatrix}$　　(3) $\begin{vmatrix} a_{11} & a_{12} & a_{13} \\ a_{21} & a_{22} & a_{23} \\ a_{21} & a_{22} & a_{23} \end{vmatrix}$

풀이 (1) $\begin{vmatrix} 2 & 3 & -1 \\ 0 & 1 & 5 \\ 2 & 1 & -2 \end{vmatrix} = 2\begin{vmatrix} 1 & 5 \\ 1 & -2 \end{vmatrix} - 3\begin{vmatrix} 0 & 5 \\ 2 & -2 \end{vmatrix} + (-1)\begin{vmatrix} 0 & 1 \\ 2 & 1 \end{vmatrix}$

$= 2(-2-5) - 3(0-10) - 1(0-2) = 18$

(2) $\begin{vmatrix} a_{11} & 0 & 0 \\ a_{21} & a_{22} & 0 \\ a_{31} & a_{32} & a_{33} \end{vmatrix} = a_{11}\begin{vmatrix} a_{22} & 0 \\ a_{32} & a_{33} \end{vmatrix} - 0\begin{vmatrix} a_{21} & 0 \\ a_{31} & a_{33} \end{vmatrix} + 0\begin{vmatrix} a_{21} & a_{22} \\ a_{31} & a_{32} \end{vmatrix} = a_{11}a_{22}a_{33}$

(3) $\begin{vmatrix} a_{11} & a_{12} & a_{13} \\ a_{21} & a_{22} & a_{23} \\ a_{21} & a_{22} & a_{23} \end{vmatrix} = a_{11}\begin{vmatrix} a_{22} & a_{23} \\ a_{22} & a_{23} \end{vmatrix} - a_{12}\begin{vmatrix} a_{21} & a_{23} \\ a_{21} & a_{23} \end{vmatrix} + a_{13}\begin{vmatrix} a_{21} & a_{22} \\ a_{21} & a_{22} \end{vmatrix} = 0$

[예제 1]의 (2)와 같이 A가 삼각행렬이면 $|A|$는 A의 주대각선성분의 곱이다. 또, (3)과 같이 A의 두 행이 서로 같으면 $|A|=0$이다. 일반적으로 행렬식의 성질은 다음과 같다.

정리 4.3.1 **[행렬식의 성질]** $n\times n$ 행렬 $A=[a_{ij}]$에 대하여 다음이 성립한다.

(1) $|A|=|A^T|$이다.

(2) A가 O 행(열)을 가지면 $|A|=0$이다.

(3) A가 삼각행렬이면 $|A|$는 A의 주대각선성분의 곱이다.

(4) A의 두 행(열)이 서로 같으면 $|A|=0$이다.

(5) A의 두 행(열)을 바꾼 행렬을 B라 하면 $|B|=-|A|$이다.

(6) A의 한 행(열)을 k배한 행렬을 B라 하면 $|B|=k|A|$이다.

(7) A의 한 행(열)에 다른 행(열)의 k배를 더한 행렬을 B라 하면 $|B|=|A|$이다.

앞의 정리에 의하여 $n\times n$ 행렬 A에 기본행연산을 시행한 행렬을 B라 하면 $|B|$는 $|A|$의 0이 아닌 상수배임을 알 수 있다. A의 행제형이 R이면 R도 A에 기본행연산을 시행한 행렬이므로 다음이 성립한다.

따름정리 4.3.2 $n\times n$ 행렬 A의 행제형을 R이라 하면, $|A|=k|R|$을 만족하는 0이 아닌 상수 k가 존재한다.

예제 2 정리 4.3.1을 이용하여 다음 행렬식을 구하시오.

(1) $\begin{vmatrix} 2 & -9 & 7 \\ 0 & 4 & 6 \\ 0 & 0 & -3 \end{vmatrix}$ (2) $\begin{vmatrix} 1 & -2 & 7 \\ 3 & 5 & 1 \\ 4 & 3 & 10 \end{vmatrix}$ (3) $\begin{vmatrix} 1 & 1 & 1 \\ a & b & c \\ a^2 & b^2 & c^2 \end{vmatrix}$

풀이 (1) 삼각행렬이므로 주대각선성분의 곱, 즉 $2\times4\times(-3)=-24$

(2) $$\begin{vmatrix} 1 & -2 & 7 \\ 3 & 5 & 1 \\ 4 & 3 & 10 \end{vmatrix} = \begin{vmatrix} 1 & -2 & 7 \\ 0 & 11 & -20 \\ 4 & 3 & 10 \end{vmatrix} = \begin{vmatrix} 1 & -2 & 7 \\ 0 & 11 & -20 \\ 0 & 11 & -18 \end{vmatrix}$$

$$= \begin{vmatrix} 1 & -2 & 7 \\ 0 & 11 & -20 \\ 0 & 0 & 2 \end{vmatrix} = 22$$

(3) $$\begin{vmatrix} 1 & 1 & 1 \\ a & b & c \\ a^2 & b^2 & c^2 \end{vmatrix} = \begin{vmatrix} 1 & 0 & 0 \\ a & b-a & c-a \\ a^2 & b^2-a^2 & c^2-a^2 \end{vmatrix}$$

$$= (b-a)(c-a)\begin{vmatrix} 1 & 0 & 0 \\ a & 1 & 1 \\ a^2 & b+a & c+a \end{vmatrix}$$

$$= (b-a)(c-a)\begin{vmatrix} 1 & 0 & 0 \\ a & 1 & 0 \\ a^2 & b+a & c-b \end{vmatrix} = (b-a)(c-a)(c-b)$$

참고 행렬 $A=[a_{ij}]$의 행렬식은 모든 $\forall i, j \in \mathrm{N}$에 대하여 다음이 성립한다.

$$|A| = a_{i1}C_{i1} + a_{i2}C_{i2} + \cdots + a_{in}C_{in}$$
$$|A| = a_{1j}C_{1j} + a_{2j}C_{2j} + \cdots + a_{nj}C_{nj}$$

즉, 어느 행이나 열에 대하여 여인수 전개를 해도 동일한 $|A|$를 얻는다.

예 [예제 2]의 (2)의 행렬식을 2열에 대하여 여인수 전개를 해도 결과가 같다.

$$\begin{vmatrix} 1 & -2 & 7 \\ 3 & 5 & 1 \\ 4 & 3 & 10 \end{vmatrix} = (-1)(-2)\begin{vmatrix} 3 & 1 \\ 4 & 10 \end{vmatrix} + (1)5\begin{vmatrix} 1 & 7 \\ 4 & 10 \end{vmatrix} + (-1)3\begin{vmatrix} 1 & 7 \\ 3 & 1 \end{vmatrix}$$

$$= 2(30-4)+5(10-28)-(1-21) = 52-90+60 = 22$$

$n\times n$ 행렬 $A=[a_{ij}]$의 여인수를 성분으로 가지는 행렬의 전치행렬을 행렬 A의 **수반**

행렬(adjoint matrix)이라 하고 $adj\,A$ 로 나타낸다.

$$adj\,A = \begin{bmatrix} C_{11} & C_{12} & \cdots & C_{1n} \\ C_{21} & C_{22} & \cdots & C_{2n} \\ \cdots & \cdots & \cdots & \cdots \\ C_{n1} & C_{n2} & \cdots & C_{nn} \end{bmatrix}^T = \begin{bmatrix} C_{11} & C_{21} & \cdots & C_{n1} \\ C_{12} & C_{22} & \cdots & C_{n2} \\ \cdots & \cdots & \cdots & \cdots \\ C_{1n} & C_{2n} & \cdots & C_{nn} \end{bmatrix}$$

정리 4.3.3 임의의 $n \times n$ 행렬 $A = [a_{ij}]$에 대하여 다음이 성립한다.

(1) $A(adj\,A) = |A|I$ 이다.

(2) $|A| \neq 0$이면 A의 역행렬이 존재하고, $A^{-1} = \dfrac{1}{|A|}(adj\,A)$이다.

예제 3 행렬 $A = \begin{bmatrix} 2 & -2 & 4 \\ 1 & 2 & -1 \\ 3 & 0 & -2 \end{bmatrix}$에 대하여 $adj\,A$와 A^{-1}를 구하시오.

풀이 $C_{11} = (-1)^{1+1}\begin{vmatrix} 2 & -1 \\ 0 & -2 \end{vmatrix} = -4,$ $\quad C_{12} = (-1)^{1+2}\begin{vmatrix} 1 & -1 \\ 3 & -2 \end{vmatrix} = -1,$

$C_{13} = (-1)^{1+3}\begin{vmatrix} 1 & 2 \\ 3 & 0 \end{vmatrix} = -6,$ $\quad C_{21} = (-1)^{2+1}\begin{vmatrix} -2 & 4 \\ 0 & -2 \end{vmatrix} = -4,$

$C_{22} = (-1)^{2+2}\begin{vmatrix} 2 & 4 \\ 3 & -2 \end{vmatrix} = -16,$ $\quad C_{23} = (-1)^{2+3}\begin{vmatrix} 2 & -2 \\ 3 & 0 \end{vmatrix} = -6,$

$C_{31} = (-1)^{3+1}\begin{vmatrix} -2 & 4 \\ 2 & -1 \end{vmatrix} = -6,$ $\quad C_{32} = (-1)^{3+2}\begin{vmatrix} 2 & 4 \\ 1 & -1 \end{vmatrix} = 6,$

$C_{33} = (-1)^{3+3}\begin{vmatrix} 2 & -2 \\ 1 & 2 \end{vmatrix} = 6$

$$adj\,A = \begin{bmatrix} C_{11} & C_{12} & C_{13} \\ C_{21} & C_{22} & C_{23} \\ C_{31} & C_{32} & C_{33} \end{bmatrix}^T = \begin{bmatrix} C_{11} & Cc_{21} & C_{31} \\ C_{12} & C_{22} & C_{32} \\ C_{13} & C_{23} & C_{33} \end{bmatrix} = \begin{bmatrix} -4 & -4 & -6 \\ -1 & -16 & 6 \\ -6 & -6 & 6 \end{bmatrix}$$

$$A(adj\,A) = \begin{bmatrix} 2 & -2 & 4 \\ 1 & 2 & -1 \\ 3 & 0 & -2 \end{bmatrix}\begin{bmatrix} -4 & -4 & -6 \\ -1 & -16 & 6 \\ -6 & -6 & 6 \end{bmatrix} = \begin{bmatrix} -30 & 0 & 0 \\ 0 & -30 & 0 \\ 0 & 0 & -30 \end{bmatrix} = |A|I = -30I$$

(cf. $|A| = a_{11}C_{11} + a_{12}C_{12} + a_{13}C_{13} = 2(-4) + (-2)(-1) + 4(-6) = -30$)

$$A^{-1} = \frac{1}{|A|}(adjA) = \frac{1}{-30}(adj\,A) = \frac{1}{30}\begin{bmatrix} 4 & 4 & 6 \\ 1 & 16 & -6 \\ 6 & 6 & -6 \end{bmatrix}$$

참고 일반적으로 연립일차방정식(*)은 행렬로 된 방정식 $AX = B$로 나타낼 수 있다.

$$\text{연립일차방정식 (*)} \begin{cases} a_{11}x_1 + a_{12}x_2 + \cdots + a_{1n}x_n = b_1 \\ a_{21}x_1 + a_{22}x_2 + \cdots + a_{2n}x_n = b_2 \\ \cdots \quad \cdots \quad \cdots \quad \cdots \quad \cdots \\ \\ a_{m1}x_1 + a_{m2}x_2 + \cdots + a_{mn}x_n = b_m \end{cases}$$

$$A = \begin{bmatrix} a_{11} & a_{12} & \cdots & a_{1n} \\ a_{21} & a_{22} & \cdots & a_{2n} \\ \cdots & \cdots & \cdots & \cdots \\ a_{m1} & a_{m2} & \cdots & a_{mn} \end{bmatrix}, \quad X = \begin{bmatrix} x_1 \\ x_2 \\ \vdots \\ x_n \end{bmatrix} \quad B = \begin{bmatrix} b_1 \\ b_2 \\ \vdots \\ b_m \end{bmatrix}$$

정리 4.3.4 정사각행렬 A에 대하여 다음은 서로 동치이다.

(1) A는 역행렬을 갖는다.

(2) 임의의 $n \times l$ 행렬 B에 대하여 $AX = B$는 단 하나의 해를 갖는다.

(3) 방정식 $AX = O$는 자명한 해 $X = O$만을 갖는다.

(4) A의 행제형은 I이다.

(5) $|A| \neq 0$이다.

연습문제 Ⅳ-3

1 다음 행렬식을 구하시오.

(1) $\begin{vmatrix} 2 & 4 & 6 \\ -1 & 2 & 3 \\ 2 & 4 & 6 \end{vmatrix}$ (2) $\begin{vmatrix} 1 & 2 & 1 \\ 1 & -1 & 1 \\ 2 & 3 & 1 \end{vmatrix}$ (3) $\begin{vmatrix} 2 & 0 & 0 \\ 4 & -3 & 0 \\ 1 & 2 & -4 \end{vmatrix}$

(4) $\begin{vmatrix} 2 & 3 & 0 \\ 0 & 0 & 3 \\ 1 & -2 & 7 \end{vmatrix}$ (5) $\begin{vmatrix} 1 & 2 & 4 \\ 1 & 2 & 0 \\ 1 & 0 & 0 \end{vmatrix}$ (6) $\begin{vmatrix} 1 & 1 & 1 \\ a & b & c \\ b+c & c+a & a+b \end{vmatrix}$

2 $\begin{vmatrix} a & b & c \\ d & e & f \\ g & h & i \end{vmatrix} = k$ 일 때 다음 행렬식을 구하시오.

(1) $\begin{vmatrix} a & d & g \\ b & e & h \\ c & f & i \end{vmatrix}$ (2) $\begin{vmatrix} 2a & 2b & 2c \\ 2d & 2e & 2f \\ 2g & 2h & 2i \end{vmatrix}$

(3) $\begin{vmatrix} a & b & c \\ 2a-d & 2b-e & 2c-f \\ a+g & b+h & c+i \end{vmatrix}$ (4) $\begin{vmatrix} a-d & b-e & c-f \\ d+3g & e+3h & f+3i \\ d & e & f \end{vmatrix}$

3 행렬 A가 다음과 같을 때, $adj\,A$와 A^{-1}를 구하시오.

(1) $A = \begin{bmatrix} 3 & 1 & 0 \\ -2 & -4 & 3 \\ 5 & 4 & -2 \end{bmatrix}$ (2) $A = \begin{bmatrix} 2 & 0 & 0 \\ 2 & 4 & 0 \\ 2 & 4 & 8 \end{bmatrix}$

(3) $A = \begin{bmatrix} 1 & 0 & 2 \\ 1 & 2 & 1 \\ 2 & 3 & 1 \end{bmatrix}$ (4) $A = \begin{bmatrix} 1 & 1 & 1 \\ a & a & 0 \\ b & 0 & 0 \end{bmatrix}$ $(ab \neq 0)$

4 다음 두 행렬에 대하여 $|A|, |B|, |AB|$를 구하고, $|A||B|$와 $|AB|$를 비교하시오.

$$A = \begin{bmatrix} 2 & 4 & 6 \\ -1 & 2 & 3 \\ 1 & 3 & 5 \end{bmatrix}, \quad B = \begin{bmatrix} 2 & 0 & 0 \\ 4 & 3 & 0 \\ 0 & 2 & 4 \end{bmatrix}$$

5 행렬 $A = \begin{bmatrix} 1 & a & a^2 \\ 1 & b & b^2 \\ 1 & c & c^2 \end{bmatrix}$의 행렬식을 구하시오.

V 벡터와 벡터공간

1. 벡터와 벡터공간 | 2. 내적 | 3. 외적

1 벡터와 벡터공간

벡터를 방향과 크기가 주어진 양으로 정의하면, 벡터의 방향과 크기가 같으면 위치에 관계없이 동일한 벡터가 된다.

$\mathbb{R}^n$ 에서 점 A로부터 점 B로 향하고 $\overline{AB}$ 와 같은 크기를 갖는 벡터를 $\overrightarrow{AB}$로 나타내고, 이때 A를 $\overrightarrow{AB}$의 **시점**(initial point)이라 하고, B를 이 벡터의 **종점**(terminal point)이라 한다.

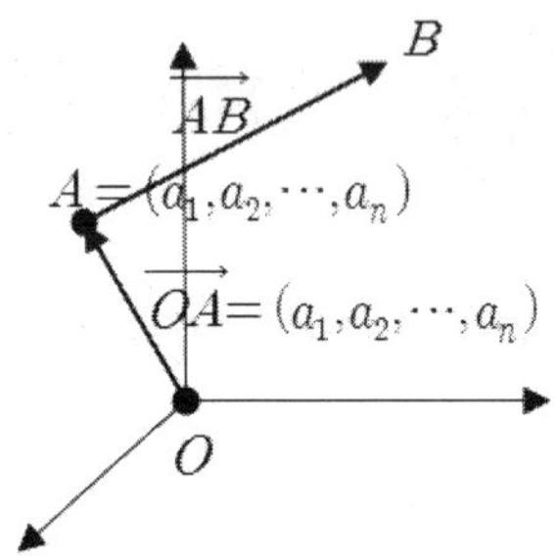

그림 14

$\mathbb{R}^n = \{(x_1, x_2, \cdots, x_n) \mid x_i \in \mathbb{R}\}$ 의 한 점 $A(a_1, a_2, \cdots, a_n)$에 대하여 시점을 원점 O로 고정하고 종점이 A인 벡터 $\overrightarrow{OA}$를 성분으로 $\overrightarrow{OA} = \langle a_1, a_2, \cdots, a_n \rangle$ 로 나타낸다.

일반적으로 $\mathbb{R}^n$ 의 $\langle x_1, x_2, \ldots, x_n \rangle$을 n**차원 벡터**(vector)라 한다. 여기서 $O = \langle 0, 0, \ldots, 0 \rangle$을 **영벡터**(zero vector)라 한다. n차원 벡터의 **합**(sum)과 **스칼라곱**(scalar product)을 다음과 같이 정의한다.

$$\langle x_1, x_2, \ldots, x_n \rangle + \langle y_1, y_2, \ldots, y_n \rangle = \langle x_1 + y_1, x_2 + y_2, \ldots, x_n + y_n \rangle \in \mathbb{R}^n$$

$$k\langle x_1, x_2, \ldots, x_n \rangle = \langle kx_1, kx_2, \ldots, kx_n \rangle \in \mathbb{R}^n, \ k \in \mathbb{R}$$

$\mathbb{R}^n$ 에서의 두 점 $A(a_1, a_2, \cdots, a_n)$, $B = (b_1, b_2, \cdots, b_n)$에 대하여 $A+B$는 원점 O를 시점으로 하는 $\overrightarrow{OA}$, $\overrightarrow{OB}$를 이웃하는 두 변으로 가진 평행사변형의 나머지 꼭짓점의 좌표이다. 또, kA는 $\overrightarrow{OA}$를 k배한 벡터의 종점이다.

$$A + B = \langle a_1 + b_1, a_2 + b_2, \cdots, a_n + b_n \rangle$$

$$k\langle a_1, a_2, \ldots, a_n \rangle = \langle ka_1, ka_2, \cdots, ka_n \rangle, \ k \in \mathbb{R}$$

벡터 $-A$를 $-A = \langle -a_1, -a_2, \cdots, -a_n \rangle$으로 정의하면 $A + (-A) = (-A) + A$

$= O$이 성립한다. 또한 $B - A = B + (-A) = \langle b_1 - a_1, b_2 - a_2, \cdots, b_n - a_n \rangle$으로 정의한다.

[그림 15]에서 원점 O를 시점으로 하고 $B-A$가 종점인 벡터는 $\overrightarrow{AB}$와 같고, 벡터 $B-A$는 $\overrightarrow{AB}$의 성분을 나타낸다. 또 다음이 성립한다.

$$A + (B - A) = B, \qquad \overrightarrow{OA} + \overrightarrow{AB} = \overrightarrow{OB}$$

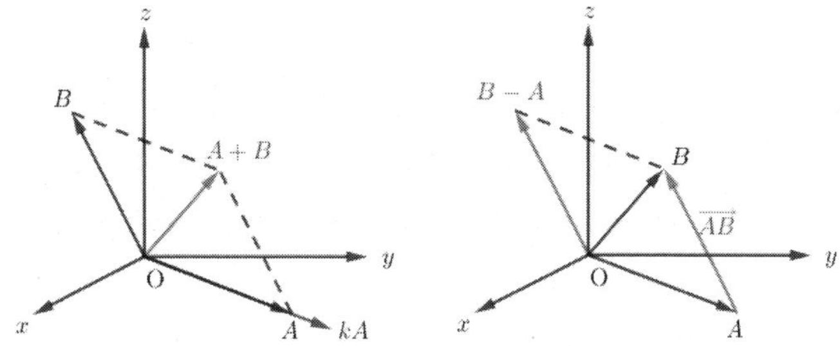

그림 15

> **정리 5.1.1** $A, B, C \in \mathbb{R}^n$이고, $k, l \in \mathbb{R}$ 일 때 다음이 성립한다.
>
> (1) $A + B = B + A$
>
> (2) $A + (B + C) = (A + B) + C$
>
> (3) $A + O = O + A = A$
>
> (4) $A + (-A) = O$
>
> (5) $k(lA) = (kl)A$
>
> (6) $k(A + B) = kA + kB$
>
> (7) $(k + l)A = kA + lA$
>
> (8) $1A = A$

일반적으로 공집합이 아닌 집합 V에 덧셈과 실수의 스칼라곱이 정의되어서 $\forall u, v \in V,\ k \in \mathbb{R}$ 에 대하여 $u + v \in V,\ ku \in V$ 이고 다음 조건이 성립할 때, V를 **벡터공간**(vector space)이라 하고 V의 원소 v를 **벡터**(vector)라 한다.

(V1) $\forall u, v \in V,\ u + v = v + u$

(V2) $\forall u, v, w \in V,\ u + (v + w) = (u + v) + w$

(V3) $\exists\, O \in V\ s.t.\ \forall u \in V,\ u + O = O + u = u$

(V4) $\exists -u \in V\ s.t.\ \forall u \in V,\ u + (-u) = O$

(V5) $u \in V,\ k, l \in \mathbb{R},\ k(lu) = (kl)u$

(V6) $u \in V,\ k, l \in \mathbb{R},\ (k+l)u = ku + lu$

(V7) $u, v \in V,\ k \in \mathbb{R},\ k(u+v) = ku + kv$

(V8) $v \in V,\ 1u = u$

위의 정의에서 (V3)의 벡터 O를 **영벡터**(zero vector)라 하는데, O는 덧셈에 관한 항등원이다. 또한 (V4)의 $-u$는 u의 덧셈에 대한 역원이다. 임의의 두 벡터 $u, v \in V$에 대하여 $u - v = u + (-v)$로 정의한다.

예 (1) $\mathbb{R}^n$은 앞의 조건 (V1) ~ (V8)을 만족하므로 벡터공간이다.

(2) 복소수 집합 $\mathbb{C}$는 조건 (V1) ~ (V8)을 만족하므로 벡터공간이다.

(3) $V = \{O\}$일 때, V에 덧셈과 스칼라곱을 다음과 같이 정의하면, (V1) ~ (V8)을 만족하므로 벡터공간이다.

$$O + O = O,\ kO = O\ (k \in \mathbb{R})$$

보조정리 5.1.2 V가 벡터공간이고 $u \in V,\ k \in \mathbb{R}$일 때, 다음이 성립한다.

(1) V의 항등원은 단 하나 존재한다.

(2) u의 덧셈에 관한 역원은 단 하나 존재한다.

(3) $0u = O,\ kO = O$이다.

(4) $(-1)u = -u$이다.

(5) $ku = O$이면, $k = 0$ 또는 $u = O$이다.

V가 벡터공간일 때 V의 공집합이 아닌 부분집합 W가 V의 연산에 의하여 벡터공간이 되면, W를 V의 **부분공간**(subspace)이라고 한다.

정리 5.1.3 V가 벡터공간일 때 V의 공집합이 아닌 부분집합 W가 V의 부분공간일 필요충분조건은 W가 V의 덧셈과 스칼라곱에 관하여 닫혀있는 것이다.

증명 W가 V의 부분공간이면, W가 V의 덧셈과 스칼라곱에 관하여 닫혀있는 것은 자명하다.

W가 V의 덧셈과 스칼라곱에 관하여 닫혀있다면, W는 공집합이 아니므로 W의 원소 w가 존재한다. $\forall k \in \mathbb{R}$에 대하여 $kw \in W$이므로 $O = 0w \in W$이다. 또 $\forall v \in W$에 대하여 $-v = (-1)v \in W$이다. W의 원소는 모두 V의 원소이므로 (V1) ~ (V8)을 만족한다. 따라서 W가 V의 부분공간이다.

예 (1) $\{O\}$는 덧셈과 스칼라곱에 관하여 닫혀있으므로 모든 벡터공간의 부분공간이다.

(2) $W=\{\langle x_1, x_2, \cdots, x_{n-1}, 0\rangle \mid x_i \in \mathbb{R}\}$ 역시 $\mathbb{R}^n$의 부분공간이고, 본질적으로 $\mathbb{R}^{n-1}$과 같은 공간이다.

(3) $\mathbb{R}^3$에서 $W=\{(x, y, z) \mid 2x+3y-z=0\}$는 원점을 지나는 평면으로, 덧셈과 스칼라곱에 닫혀있으므로 $\mathbb{R}^3$의 부분공간이다.

실제로 $\mathbb{R}^3$의 부분공간은 $\mathbb{R}^3$ 자신, 원점을 지나는 평면, 원점을 지나는 직선, $\{O\}$뿐이다.

V가 벡터공간이고, $v_1, v_2, \ldots, v_n \in V$, $k_1, k_2, \ldots, k_n \in \mathbb{R}$ 일 때, $k_1v_1+k_2v_2+\ldots+k_nv_n$을 $v_1, v_2, \ldots, v_n$의 **일차결합**(linear combination)이라 한다.

보조정리 5.1.4 V가 벡터공간이고, $v_1, v_2, \ldots, v_n \in V$, $k_1, k_2, \ldots, k_n \in \mathbb{R}$ 일 때, $v_1, v_2, \ldots, v_n$의 일차결합 전체의 집합 W는 V의 부분공간이다.

$$W=\{k_1v_1+k_2v_2+\cdots+k_nv_n \mid k_i \in \mathbb{R}\}$$

증명 W가 덧셈과 스칼라곱에 닫혀있으므로 W는 V의 부분공간이다.

위의 W를 $v_1, v_2, \ldots, v_n$ 또는 $\{v_1, v_2, \ldots, v_n\}$에 의하여 생성된 부분공간(subspace generated by $\{v_1, v_2, \ldots, v_n\}$)이라 하고, $V=W$이면 $v_1, v_2, \ldots, v_n$ 또는 $\{v_1, v_2, \ldots, v_n\}$이 V를 **생성한다**(generate)고 한다.

예 (1) 평면 $\mathbb{R}^2$에서 $v=\langle 2, 1\rangle$에 의하여 생성된 부분공간은 $\{k\langle 2, 1\rangle \mid k \in \mathbb{R}\}$이므로 원점과 점 $(2, 1)$을 지나는 직선이다.

(2) $\mathbb{R}^n$은 $e_1=\langle 1, 0, \ldots, 0\rangle$, $e_2=\langle 0, 1, \ldots, 0\rangle$, $\cdots$, $e_n=\langle 0, 0, \ldots, 1\rangle$에 의하여 생성된다. 실제로 임의의 $\langle x_1, x_2, \ldots, x_n\rangle \in \mathbb{R}^n$은 $\langle x_1, x_2, \ldots, x_n\rangle = x_1e_1+x_2e_2+\cdots+x_ne_n$으로 나타낼 수 있다.

V가 벡터공간이고 $v_1, v_2, \ldots, v_n \in V$ 일 때, 이들 중 한 벡터 v_i가 다른 벡터 $v_1, v_2, \ldots, v_{i-1}, v_{i+1}, \ldots, v_n$으로 생성되는 부분공간에 속하면, $v_1, v_2, \ldots, v_n$ 또는 집합

$\{v_1, v_2, \ldots, v_n\}$은 **일차종속**(linearly dependent)이라고 한다. 일차종속이 아닌 집합을 **일차독립**(linearly independent)이라 한다.

예 (1) 영벡터 O를 포함하는 집합 $\{v_1, v_2, \ldots, v_n\}$은 일차종속이다. 만일, $v_i = O$이면 $v_i = O = 0v_1 + 0v_2 + \ldots + 0v_{i-1} + 0v_{i+1} + 0v_n$ 이므로 일차종속이다.

(2) 두 벡터 v_1, v_2가 일차종속일 필요충분조건은 $v_1 = kv_2$이거나 $v_2 = kv_1$를 만족하는 상수 k가 존재하는 것이다. 이때, v_1, v_2는 **평행**(parallel)하다고 한다. 따라서 $\langle 1, 3\rangle$과 $\langle -2, 1\rangle$은 일차독립이고, $\langle -2, 1\rangle$과 $\langle 10, -5\rangle$는 일차종속이며 평행이다.

(3) $\mathbb{R}^n$에서 $e_1 = \langle 1, 0, \ldots, 0\rangle$, $e_2 = \langle 0, 1, \ldots, 0\rangle$, $\cdots$, $e_n = \langle 0, 0, \ldots, 1\rangle$ 중 어느 것도 다른 벡터의 일차결합으로 나타낼 수 없으므로 일차독립이다.

정리 5.1.5 V가 벡터공간이고, $v_1, v_2, \ldots, v_n \in V$일 때,

(1) $v_1, v_2, \ldots, v_n$이 일차종속일 필요충분조건은 다음을 만족하는 0이 아닌 실수 $k_1, k_2, \ldots, k_n$이 존재하는 것이다.

$$k_1 v_1 + k_2 v_2 + \cdots + k_n v_n = O$$

(2) $v_1, v_2, \ldots, v_n$이 일차독립일 필요충분조건은 $k_1 v_1 + k_2 v_2 + \cdots + k_n v_n = O$이면 $k_1 = k_2 = \cdots = k_n = 0$이 성립하는 것이다.

참고 $\mathbb{R}^3$의 세 벡터 $v_1 = \langle a_1, a_2, a_3\rangle$, $v_2 = \langle b_1, b_2, b_3\rangle$, $v_3 = \langle c_1, c_2, c_3\rangle$가 일차독립일 필요충분조건은 $\begin{vmatrix} a_1 & a_2 & a_3 \\ b_1 & b_2 & b_3 \\ c_1 & c_2 & c_3 \end{vmatrix} \neq 0$이다.

예제 1 세 벡터 $v_1 = \langle 1, 2, 1\rangle$, $v_2 = \langle 2, 9, 0\rangle$, $v_3 = \langle 3, 3, 4\rangle$가 일차종속인지 일차독립인지 구분하시오.

풀이 $A = \begin{vmatrix} 1 & 2 & 1 \\ 2 & 9 & 0 \\ 3 & 3 & 4 \end{vmatrix} = \begin{vmatrix} 1 & 2 & 1 \\ 0 & 5 & -2 \\ 0 & -3 & 1 \end{vmatrix} = \begin{vmatrix} 5 & -2 \\ -3 & 1 \end{vmatrix}(1) = (5-6) = -1 \neq 0$

V가 벡터공간이고 $v_1, v_2, \ldots, v_n \in V$일 때, $\{v_1, v_2, \cdots, v_n\}$이 V를 생성하고 일차독립이면 $\{v_1, v_2, \cdots, v_n\}$을 벡터공간 V의 **기저**(basis)라고 한다.

벡터공간 $\mathbb{R}^n$의 부분집합 $\{e_1, e_2, \cdots, e_n\}$은 일차독립이고 $\mathbb{R}^n$을 생성하므로 $\mathbb{R}^n$의 기저이다. $\{e_1, e_2, \cdots, e_n\}$을 $\mathbb{R}^n$의 **표준기저**(standard basis)라 한다.

예 (1) $\mathbb{R}^2$에서 표준기저벡터는 $i = \langle 1, 0 \rangle$, $j = \langle 0, 1 \rangle$이고 표준기저는 $\{i, j\}$이다. 또, $\mathbb{R}^2$의 임의의 벡터 $\langle a, b \rangle$는 $\langle a, b \rangle = ai + bj$로 나타낼 수 있다.

(2) $\mathbb{R}^3$에서 표준기저벡터는 $i = \langle 1, 0, 0 \rangle$, $j = \langle 0, 1, 0 \rangle$, $k = \langle 0, 0, 1 \rangle$이고 표준기저는 $\{i, j, k\}$이다. $\mathbb{R}^3$의 임의의 벡터 $\langle a, b, c \rangle$는 $\langle a, b, c \rangle = ai + bj + ck$로 나타낼 수 있다.

벡터공간이 유한개의 벡터로 생성되는 경우 무수히 많은 기저가 존재할 수 있는데, 모든 기저의 원소의 개수가 같다는 것이 알려져 있다. 보통 기저의 원소의 개수를 그 벡터공간의 **차원**(dimension)이라 한다. 따라서 $\mathbb{R}^n$의 차원은 n이다.

연습문제 V-1

1 벡터의 평행사변형 법칙을 이용하여 덧셈에 대한 교환법칙이 성립함을 보이시오,

2 벡터의 삼각형 법칙을 반복 적용하여 덧셈에 대한 결합법칙이 성립함을 보이시오,

3 $A=2i-4j+4k,\ B=2j-k$에 대해 $2A+3B,\ A-B$ 를 구하시오.

4 다음 두 벡터 A, B에 대해 $|A|,\ |B|,\ |A-B|$를 각각 구하시오.

(1) $A=\langle 5,\ -12\rangle,\ B=\langle -3,\ 6\rangle$

(2) $A=2i-4j+4k,\ B=2j-k$

5 $8i-j+4k$와 방향이 같은 길이가 1인 단위 벡터를 구하시오.

6 $W=\{(x,0,0)\mid x\in\mathbb{R}\}$가 $\mathbb{R}^3$의 부분공간인지 판단하고, 그 이유를 말하시오.

7 다음 벡터들이 $\mathbb{R}^3$을 생성할 수 있는지 조사하시오.

(1) $A=\langle 1,3,\ 2\rangle,\ B=\langle 4,\ -2,\ 6\rangle$

(2) $A=\langle -2,0,\ 0\rangle,\ B=\langle 1,\ -3,\ 0\rangle,\ C=\langle 0,1,0\rangle$

(3) $A=\langle -1,1,\ 0\rangle,\ B=\langle 0,2,4\rangle,\ C=\langle 1,0,3\rangle$

8 행렬식을 이용하여 다음 집합들이 일차독립임을 보이시오.

(1) $\{\langle 1,0,0\rangle, \langle 0,1,0\rangle, \langle 0,0,1\rangle\}$

(2) $\{\langle -2,2,3\rangle, \langle 1,\ -3,\ 0\rangle, \langle 2,\ -1,\ 5\rangle\}$

(3) $\{\langle 3,1,0\rangle, \langle -2,\ -4,\ 3\rangle, \langle 5,4,2\rangle\}$

(4) $\{\langle 1,2,1\rangle, \langle 2,9,\ 0\rangle, \langle 3,3,4\rangle\}$

9 세 벡터 $\langle 3,2,1\rangle,\ \langle 1,6,3\rangle,\ \langle 2,\ -4,\ 0\rangle$이 $\mathbb{R}^3$의 기저가 됨을 보이시오.

2 내적

R^n 에서의 두 벡터 $A = \langle a_1, a_2, ..., a_n \rangle$, $B = \langle b_1, b_2, ..., b_n \rangle$에 대하여 다음과 같이 정의한 것을 A와 B의 **내적**(inner product / dot product)이라고 한다. 따라서 두 벡터의 내적은 두 벡터에 스칼라인 실수를 대응시킨다.

$$A \cdot B = a_1 b_1 + a_2 b_2 + \cdots + a_n b_n$$

예 $A = \langle 1, 4, 2 \rangle$, $B = \langle 0, 1, -3 \rangle$이면

$A \cdot B = 1 \cdot 0 + 4 \cdot 1 + 2 \cdot (-3) = -2$, $A \cdot A = 1 \cdot 1 + 4 \cdot 4 + 2 \cdot 2 = 21$이다.

정리 5.2.1 $A, B, C \in \mathbb{R}^n$이고 $k \in \mathbb{R}$ 이면 다음이 성립한다.

(1) $A \cdot B = B \cdot A$

(2) $A \cdot (B + C) = A \cdot B + A \cdot C$

(3) $(kA) \cdot B = A \cdot (kB) + k(A \cdot B)$

(4) $A \cdot A \geq 0$ 이고, $A \neq 0$ 이면 $A \cdot A > 0$ 이다.

증명 $A = \langle a_1, a_2, \cdots, a_n \rangle$, $B = \langle b_1, b_2, \cdots, b_n \rangle$, $C = \langle c_1, c_2, \cdots, c_n \rangle$라 하자.

(1) $A \cdot B = a_1 b_1 + a_2 b_2 + \cdots + a_n b_n = b_1 a_1 + b_2 a_2 + \cdots + b_n a_n = B \cdot A$

(2) $A \cdot (B + C) = a_1 (b_1 + c_1) + a_2 (b_2 + c_2) + \cdots + a_n (b_n + c_n)$

$A \cdot B + A \cdot C = (a_1 b_1 + a_2 b_2 + \cdots + a_n b_n) + (a_1 c_1 + a_2 c_2 + \cdots\ a_n c_n)$

$= a_1 (b_1 + c_1) + a_2 (b_2 + c_2) + \cdots + a_n (b_n + c_n)$

(3) $(kA) \cdot B = (ka_1, ka_2, \cdots, ka_n) \cdot (b_1, b_2, \cdots, b_n)$

$= ka_1 b_1 + ka_2 b_2 + \cdots + ka_n b_n = k(a_1 b_1 + a_2 b_2 + \cdots + a_n b_n) = k(A \cdot B)$

$A \cdot (kB) = (a_1, a_2, \cdots, a_n) \cdot (kb_1, kb_2, \cdots, kb_n)$

$= ka_1 b_1 + ka_2 b_2 + \cdots + ka_n b_n = k(a_1 b_1 + a_2 b_2 + \cdots + a_n b_n) = k(A \cdot B)$

(4) $A \cdot A = a_1^2 + a_2^2 + \cdots + a_n^2 \geq 0$ 이다.

$A \neq O$이면 $a_i \neq 0$ 인 $a_i (1 \leq i \leq n)$가 있으므로 $A \cdot A \geq a_i^2 > 0$ 이다.

$A = \langle a_1, a_2, ..., a_n \rangle \in \mathbb{R}^n$ 에 대하여 $A \cdot A \geq 0$ 이므로 $\| A \| = \sqrt{A \cdot A} = \sqrt{a_1^2 + a_2^2 + \cdots + a_n^2}$ 는 음이 아닌 값을 갖고, 이것을 A의 **길이**(length) 또는 **노름**(norm)이라 한다.

또 벡터 $B=\langle b_1, b_2, \ldots, b_n \rangle \in \mathbb{R}^n$일 때, $A-B=\langle a_1-b_1, a_2-b_2, \ldots, a_n-b_n \rangle$이므로 $\| A-B \| = \sqrt{(A-B)\cdot(A-B)} = \sqrt{(a_1-b_1)^2+(a_2-b_2)^2+\cdots+(a_n-b_n)^2}$이다. 이것을 두 벡터 A와 B 사이의 거리 (distanced between A and B)라고 한다.

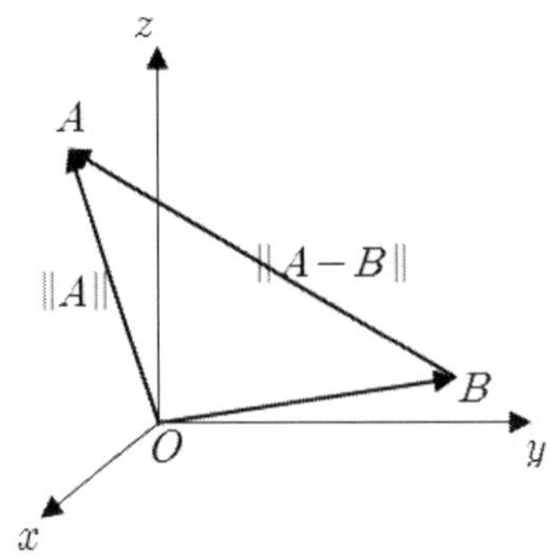

그림 16

예 $A=\langle 1,4,2 \rangle$, $B=\langle 0,1,-3 \rangle$이면,

$$\| A \| = \sqrt{1^2+4^2+2^2} = \sqrt{21}$$

$$\| A-B \| = \sqrt{(1-0)^2+(4-1)^2+(2+3)^2} = \sqrt{35}$$

정리 5.2.2 **[코시-슈바르츠 부등식]**

$$A, B \in \mathbb{R}^n, \quad |A\cdot B| \leq \| A \| \| B \|$$

따름정리 5.2.3 **[삼각 부등식]**

$$A, B \in \mathbb{R}^n, \quad \| A+B \| \leq \| A \| + \| B \|$$

증명 $\| A+B \|^2 = (A+B)\cdot(A+B) = A\cdot A+2A\cdot B+B\cdot B$

$$\leq \| A \|^2 + 2\| A \| \| B \| + \| B \|^2$$

$$= (\| A \| + \| B \|)^2$$

$\therefore \| A+B \| \leq \| A \| + \| B \|$

내적을 이용하여 두 벡터가 이루는 각의 크기를 정의할 수 있다. 만일 $A \neq O$, $B \neq O$이면 코시-슈바르츠 부등식에 의하여 다음이 성립한다.

$$-1 \le \frac{A \cdot B}{\| A \| \ \| B \|} \le 1$$

함수 $y = \cos\theta$가 $[0, \pi]$에서 연속이고, 그 치역은 $[-1, 1]$이므로 중간값 정리 $(f \in C[a, b],\ f(a) < k < f(b) \Rightarrow \exists\, c \in [a,b]\ s.t.\ f(c) = k)$에 의하여 다음을 만족하는 $\theta\,(0 \le \theta \le \pi)$가 존재한다.

$$\frac{A \cdot B}{\| A \| \ \| B \|} = \cos\theta$$

이 θ를 두 벡터 A, B가 이루는 각의 크기라고 하고 $\theta = \angle(A, B)$로 나타낸다. 원점이 O일 때 A, B를 각각 $\overrightarrow{OA}, \overrightarrow{OB}$의 종점이라 하면, $\angle(A, B) = \angle AOB$를 의미한다.

예제 1 두 벡터 $A = \langle 2, -1, 1 \rangle$, $B = \langle 1, 1, 2 \rangle$가 이루는 각의 크기를 구하시오.

풀이 $\cos\theta = \dfrac{A \cdot B}{\| A \| \ \| B \|} = \dfrac{2 \cdot 1 + (-1) \cdot 1 + 1 \cdot 2}{\sqrt{4+1+1}\,\sqrt{1+1+4}} = \dfrac{3}{6} = \dfrac{1}{2}$

$\therefore\ \theta = \dfrac{\pi}{3}$

O이 아닌 두 벡터 A, B가 이루는 각의 크기가 $90°$일 때 A, B는 서로 **수직** (orthogonal / perpendicular)이라 하고 $A \perp B$로 나타낸다.

보조정리 5.2.4 $A, B \in \mathbb{R}^n$일 때 다음이 성립한다.

(1) $A \cdot B = \| A \| \ \| B \| \cos\theta$

(2) $A \perp B \Leftrightarrow A \cdot B = 0$

예 두 벡터 $A = \langle 2, -2, 3 \rangle$, $B = \langle 1, 4, 2 \rangle$이면
$A \cdot B = 2 \cdot 1 + (-2) \cdot 4 + 3 \cdot 2 = 0$이므로 $A \perp B$이다.

예제 2 정육면체에서 대각선과 한 모서리가 이루는 각의 크기를 θ라고 할 때, $\cos\theta$의 값을 구하시오.

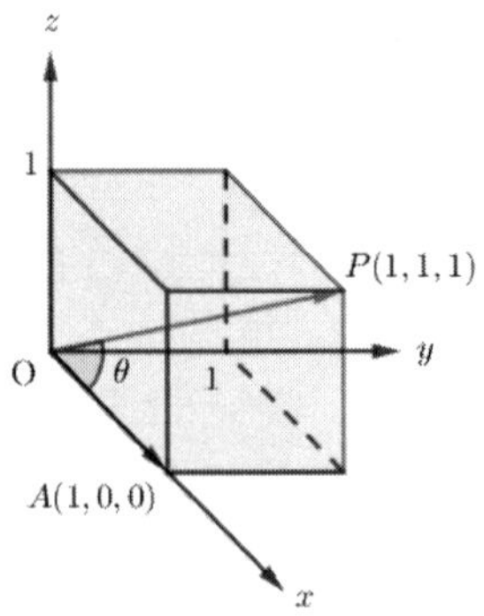

그림 17

풀이 한 모서리의 길이가 1인 정육면체의 세 모서리를 각각 x, y, z축으로 갖는 좌표축을 만든다. 이때 대각선은 원점과 점 $P(1,1,1)$을 잇는 선분이고, 모서리 중 x축 위에 있는 것은 원점과 점 $A(1,0,0)$을 잇는 선분이 된다.

따라서 대각선과 한 모서리가 이루는 각의 크기 θ는 두 벡터 $\overrightarrow{OP} = \langle 1,1,1 \rangle$과 $\overrightarrow{OA} = \langle 1,0,0 \rangle$이 이루는 각의 크기이다.

$$\cos\theta = \frac{\overrightarrow{OP} \cdot \overrightarrow{OA}}{\|\overrightarrow{OP}\| \ \|\overrightarrow{OA}\|} = \frac{1\cdot 1 + 1\cdot 0 + 1\cdot 0}{\sqrt{1+1+1}\sqrt{1+0+0}} = \frac{\sqrt{3}}{3}$$

다음은 삼각형의 코사인 정리를 벡터의 내적을 이용하여 증명할 수 있다.

정리 5.2.5 [코사인 정리]

$A, B \in \mathbb{R}^n$이고, A, B가 이루는 각의 크기가 θ이면 다음이 성립한다.

$$\|A-B\|^2 = \|A\|^2 + \|B\|^2 - 2\|A\| \ \|B\| \cos\theta$$

증명 $\|A-B\|^2 = (A-B)\cdot(A-B) = A\cdot A - 2A\cdot B + B\cdot B$

$$= \|A\|^2 + \|B\|^2 - 2\|A\| \ \|B\| \cos\theta$$

참고 (1) 보조정리 5.2.4를 이용하면 코사인 정리를 다음과 같이 나타낼 수 있다.

$$\|A-B\|^2 = \|A\|^2 + \|B\|^2 - 2(A\cdot B)$$

이것은 각을 사용하지 않는 형태의 코사인 정리라 할 수 있다.

(2) $a = \|A\|$, $b = \|B\|$, $c = \|A-B\|$이면 코사인 정리는 $c^2 = a^2 + b^2 - 2ab\cos\theta$로 나타낼 수 있다.

코사인 정리에서 $A \perp B$ 인 경우에 $A \cdot B = 0$이므로 다음의 피타고라스 정리가 된다.

따름정리 5.2.6 **[피타고라스 정리]**

$A, B \in \mathbb{R}^n$ $A \perp B$ 이면 다음이 성립한다.

$$\| A - B \|^2 = \| A \|^2 + \| B \|^2$$

증명 $\| A - B \|^2 = (A - B) \cdot (A - B) = A \cdot A - 2A \cdot B + B \cdot B$

$$= \| A \|^2 + \| B \|^2 - 2 \| A \| \| B \| \cos \frac{\pi}{2}$$

$$= \| A \|^2 + \| B \|^2$$

위의 정리에서 $a = \| A \|$, $b = \| B \|$, $c = \| A - B \|$ 이면 $c^2 = a^2 + b^2$이다.

$\mathbb{R}^n$에서 두 벡터 $A, B(\neq O)$에 대해 B를 A에 평행한 벡터와 A에 수직인 벡터의 합으로 나타낼 수 있는데, 이때 A에 평행한 벡터를 B의 A 위의 **정사영**(orthogonal projection of B on A)이라고 한다.

정리 5.2.7 $\mathbb{R}^n$에서 두 벡터 $A, B(\neq O)$에 대해 B의 A 위의 정사영을 U, $B = U + V$라 하면 다음이 성립한다.

$$U = \frac{A \cdot B}{A \cdot A} A, \quad V = B - \frac{A \cdot B}{A \cdot A} A$$

증명 B의 A 위의 정사영은 A에 평행하므로 $U = kA (k \in \mathbb{R})$로 나타낼 수 있다.
V가 A에 수직이므로 $(B - kA) \perp A$이고, $(B - kA) \cdot A = 0$이다.
즉, $B \cdot A = k(A \cdot A)$이다.
따라서 $k = \dfrac{A \cdot B}{A \cdot A}$이고, $U = \dfrac{A \cdot B}{A \cdot A} A$, $V = B - \dfrac{A \cdot B}{A \cdot A} A$가 성립한다.

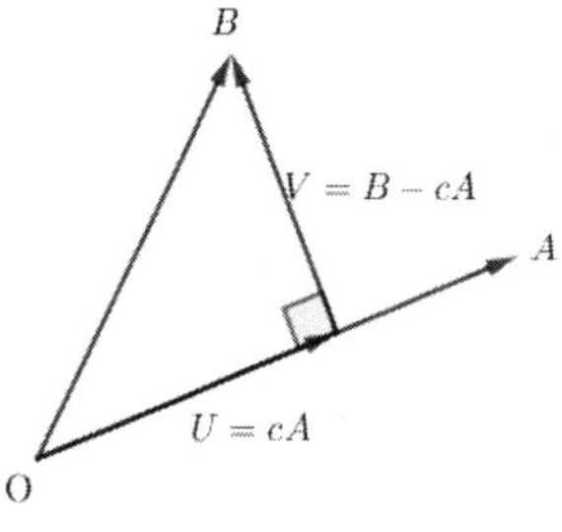

그림 18

예제 3 $A=\langle 2,-1,1\rangle$, $B=\langle 1,2,2\rangle$에 대하여 B를 A에 평행한 벡터 U와 수직인 벡터 V의 합으로 나타낼 때, U, V를 구하시오.

풀이 정리 5.2.7에 의해 $U=\dfrac{A\cdot B}{A\cdot A}A$, $V=B-\dfrac{A\cdot B}{A\cdot A}A$ 이다.

$$\frac{A\cdot B}{A\cdot A}=\frac{\langle 2,-1,1\rangle\cdot\langle 1,2,2\rangle}{\langle 2,-1,1\rangle\cdot\langle 2,-1,1\rangle}=\frac{2-2+2}{2^2+(-1)^2+1^2}=\frac{1}{3}$$

$$\therefore\quad U=\frac{A\cdot B}{A\cdot A}A=\frac{1}{3}A=\left\langle\frac{2}{3},-\frac{1}{3},\frac{1}{3}\right\rangle$$

$$V=B-\frac{A\cdot B}{A\cdot A}A=B-\frac{1}{3}A=\langle 1,2,2\rangle-\left\langle\frac{2}{3},-\frac{1}{3},\frac{1}{3}\right\rangle=\left\langle\frac{1}{3},\frac{7}{3},\frac{5}{3}\right\rangle$$

여기서 $U\cdot V=\left\langle\frac{2}{3},-\frac{1}{3},\frac{1}{3}\right\rangle\cdot\left\langle\frac{1}{3},\frac{7}{3},\frac{5}{3}\right\rangle=\frac{2-7+5}{9}=0$이므로 $U\perp V$ 임을 확인할 수 있다.

연습문제 V-2

1 두 벡터 $A=2i+j$, $B=i-j+k$의 내적을 구하시오.

2 $\| A \| = 6$, $\| B \| = 5$이고 두 벡터 A와 B 사이의 각이 $\frac{2\pi}{3}$일 때, A와 B의 내적을 구하시오.

3 $\mathbb{R}^3$에서 표준기저벡터 i, j, k에 대하여 다음이 성립함을 보이시오.

(1) $i \cdot j = j \cdot k = k \cdot i = 0$ (2) $i \cdot i = j \cdot j = k \cdot k = 1$

4 다음 두 벡터 A, B 사이의 각의 코사인 값을 구하시오.

(1) $A = \langle 7, 3, 5 \rangle$, $B = \langle -8, 4, 2 \rangle$

(2) $A = \langle 6, 1, 3 \rangle$, $B = \langle -4, 0, 6 \rangle$

5 벡터 $A = \langle 3, 4 \rangle$와 $\frac{\pi}{6}$의 각을 이루는 길이가 1인 단위벡터를 구하시오.

6 두 벡터 $i+j$와 $i+k$에 모두 수직인 길이가 1인 단위벡터를 구하시오.

7 세 꼭짓점이 $A(2, -1, 1)$, $B(3, 2, -1)$, $C(7, 0, -2)$인 삼각형이 직각삼각형임을 보이시오. 어느 각이 직각인가?

8 두 벡터 A, B에 대하여 B를 A에 평행한 벡터 U와 A에 수직인 벡터 V의 합으로 나타내시오.

(1) $A = \langle 2, -1, 3 \rangle$, $B = \langle 1, 2, 2 \rangle$

(2) $A = \langle -7, 1, 3 \rangle$, $B = \langle 5, 0, 1 \rangle$

(3) $A = i+j+k$, $B = i-j+k$

9 두 벡터 $A = \langle -6, b, 2 \rangle$와 $B = \langle b, b^2, b \rangle$가 서로 수직인 b의 값을 구하시오.

3 외적

$A, B \in \mathbb{R}^3$, $A = \langle a_1, a_2, a_3 \rangle$, $B = \langle b_1, b_2, b_3 \rangle$에 대해 두 벡터 A, B의 **외적**(cross product)을 다음과 같이 정의한다.

$$A \times B = \langle\, a_2b_3 - a_3b_2,\ a_3b_1 - a_1b_3,\ a_1b_2 - a_2b_1 \rangle$$

두 벡터 A, B의 외적은 행렬식과 $\mathbb{R}^3$에서 표준기저벡터 $i = \langle 1, 0, 0 \rangle$, $j = \langle 0, 1, 0 \rangle$, $k = \langle 0, 0, 1 \rangle$로 다음과 같이 정의할 수 있다.

$$A \times B = \begin{vmatrix} a_2 & a_3 \\ b_2 & b_3 \end{vmatrix} i - \begin{vmatrix} a_1 & a_3 \\ b_1 & b_3 \end{vmatrix} j + \begin{vmatrix} a_1 & a_2 \\ b_1 & b_2 \end{vmatrix} k$$

즉, $A \times B = \begin{vmatrix} i & j & k \\ a_1 & a_2 & a_3 \\ b_1 & b_2 & b_3 \end{vmatrix} = \left\langle \begin{vmatrix} a_2 & a_3 \\ b_2 & b_3 \end{vmatrix}, -\begin{vmatrix} a_1 & a_3 \\ b_1 & b_3 \end{vmatrix}, \begin{vmatrix} a_1 & a_2 \\ b_1 & b_2 \end{vmatrix} \right\rangle$이다.

내적과 달리 두 벡터의 외적의 결과는 벡터이다.

예 두 벡터 $A = \langle 1, 3, 4 \rangle$, $B = \langle 2, 7, -5 \rangle$의 외적은 다음과 같다.

$$A \times B = \begin{vmatrix} i & j & k \\ 1 & 3 & 4 \\ 2 & 7 & -5 \end{vmatrix} = \begin{vmatrix} 3 & 4 \\ 7 & -5 \end{vmatrix} i - \begin{vmatrix} 1 & 4 \\ 2 & -5 \end{vmatrix} j + \begin{vmatrix} 1 & 3 \\ 2 & 7 \end{vmatrix} k$$

$$= (-15 - 28)i - (-5 - 8)j + (7 - 6)k = -43i + 13j + k$$

$$= \langle -43,\ 13,\ 1 \rangle$$

예제 1 $A \in \mathbb{R}^3$에 대해 $A \times A = O$임을 보이시오.

풀이 $A \times A = \begin{vmatrix} i & j & k \\ a_1 & a_2 & a_3 \\ a_1 & a_2 & a_3 \end{vmatrix} = \begin{vmatrix} a_2 & a_3 \\ a_2 & a_3 \end{vmatrix} i - \begin{vmatrix} a_1 & a_3 \\ a_1 & a_3 \end{vmatrix} j + \begin{vmatrix} a_1 & a_2 \\ a_1 & a_2 \end{vmatrix} k = O$

정리 5.3.1 $A, B, C \in \mathbb{R}^3$, $k \in \mathbb{R}$일 때 다음이 성립한다.

(1) $A \times B = -B \times A$

(2) $A \times (B + C) = A \times B + A \times C$, $(A + B) \times C = A \times C + B \times C$

(3) $(kA) \times B = A(kB) = k(A \times B)$

(4) $A \times O = O \times A = O$

(5) $A\times A=O$

증명 (1) $A\times B=\begin{vmatrix} i & j & k \\ a_1 & a_2 & a_3 \\ b_1 & b_2 & b_3 \end{vmatrix}=-\begin{vmatrix} i & j & k \\ b_1 & b_2 & b_3 \\ a_1 & a_2 & a_3 \end{vmatrix}=\begin{vmatrix} i & j & k \\ -b_1 & -b_2 & -b_3 \\ a_1 & a_2 & a_3 \end{vmatrix}=-B\times A$

두 벡터 A, B의 외적은 기하학적으로 A, B와 동시에 수직인 벡터를 의미한다. 즉 $A\perp A\times B$, $B\perp A\times B$이다. A, B와 동시에 수직인 벡터는 $A\times B$ 외에 $-A\times B$도 있다.

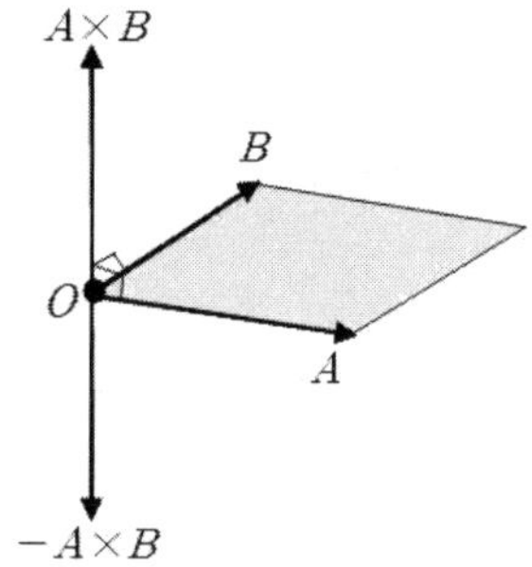

그림 19

예제 2 $A=\langle 1, 3, -2\rangle$, $B=\langle 0, -1, 2\rangle$, $C=\langle 4, 0, 2\rangle$일 때 $(A\times B)\times C$와 $A\times(B\times C)$를 구하시오.

풀이 $A\times B=\begin{vmatrix} i & j & k \\ 1 & 3 & -2 \\ 0 & -1 & 2 \end{vmatrix}=\begin{vmatrix} 3 & -2 \\ -1 & 2 \end{vmatrix}i-\begin{vmatrix} 1 & -2 \\ 0 & 2 \end{vmatrix}j+\begin{vmatrix} 1 & 3 \\ 0 & -1 \end{vmatrix}k=\langle 4, -2, -1\rangle$

$$(A\times B)\times C=\begin{vmatrix} i & j & k \\ 4 & -2 & -1 \\ 4 & 0 & 2 \end{vmatrix}=\langle -4, -12, 8\rangle$$

$$B\times C=\begin{vmatrix} i & j & k \\ 0 & -1 & 2 \\ 4 & 0 & 2 \end{vmatrix}=\begin{vmatrix} -1 & 2 \\ 0 & 2 \end{vmatrix}i-\begin{vmatrix} 0 & 2 \\ 4 & 2 \end{vmatrix}j+\begin{vmatrix} 0 & -1 \\ 4 & 0 \end{vmatrix}k=\langle -2, 8, 4\rangle$$

$$A\times(B\times C)=\begin{vmatrix} i & j & k \\ 1 & 3 & -2 \\ -2 & 8 & 4 \end{vmatrix}=\langle 28, 0, 14\rangle$$

즉, $(A\times B)\times C\neq A\times(B\times C)$이므로 외적에 대한 결합법칙이 성립하지 않는다.

앞의 결과들에 의해 $\mathbb{R}^3$의 표준기저벡터 $i=\langle 1,0,0\rangle$, $j=\langle 0,1,0\rangle$, $k=\langle 0,0,1\rangle$에 대해 다음과 같은 성질이 성립함을 알 수 있다.

$$i\times i = j\times j = k\times k = O$$
$$i\times j = k = -j\times i$$
$$j\times k = i = -k\times j$$
$$k\times i = j = -i\times k$$

정리 5.3.2 $A, B \in \mathbb{R}^3$, $\theta = \angle(A,B)$ $(0 \le \theta \le \pi)$일 때 다음이 성립한다.

(1) $A\cdot(A\times B) = B\cdot(A\times B) = 0$

(2) A, B를 두 변으로 하는 평행사변형의 넓이는 $\| A\times B \|$ 이다.

(3) $\| A\times B \| = \| A \| \ \| B \| \sin\theta$

증명 (1) $A\cdot(A\times B) = a_1\begin{vmatrix} a_2 & a_3 \\ b_2 & b_3 \end{vmatrix} - a_2\begin{vmatrix} a_1 & a_3 \\ b_1 & b_3 \end{vmatrix} + a_3\begin{vmatrix} a_1 & a_2 \\ b_1 & b_2 \end{vmatrix}$

$= a_1(a_2b_3 - a_3b_2) - a_2(a_3b_1 - a_1b_3) + a_3(a_1b_2 - a_2b_1) = 0$

같은 방법으로 $B\cdot(A\times B) = 0$임을 보일 수 있다.

즉, $A\perp(A\times B)$, $B\perp(A\times B)$이다

(2) A, B를 두 변으로 하는 평행사변형 넓이는 $S = \| A \| \ \| B \| \sin\theta = \| A \| \ \| B \| \sqrt{1-\cos^2\theta}$ 이다.

여기서 $\cos\theta = \dfrac{A\cdot B}{\| A \| \ \| B \|}$이므로

$$S = \| A \| \ \| B \| \sqrt{1-\cos^2\theta} = \| A \| \ \| B \| \sqrt{1-\left(\frac{A\cdot B}{\| A \| \ \| B \|}\right)^2}$$
$$= \sqrt{\| A \|^2 \| B \|^2 - (A\cdot B)^2}$$
$$= \sqrt{(a_1^2+a_2^2+a_3^2)(b_1^2+b_2^2+b_3^2) - (a_1b_1+a_2b_2+a_3b_3)^2}$$
$$= \| A\times B \|$$

(3) $\| A\times B \| = \| A \|^2 \| B \|^2 - (A\cdot B)^2$

$= \| A \|^2 \| B \|^2 - \| A \|^2 \| B \|^2 \cos^2\theta$

$= \| A \|^2 \| B \|^2 (1-\cos^2\theta) = \| A \|^2 \| B \|^2 \sin^2\theta$

$\sin\theta \ge 0$이므로 $\| A\times B \| = \| A \| \ \| B \| \sin\theta$이다.

예제 3 (1) 두 벡터 $A = \langle 1, 3, 2\rangle$, $B = \langle 4, 0, -3\rangle$의 외적을 구하시오. 또 A, B를 두 변으로 하는 평행사변형의 넓이를 구하시오.

(2) 세 점 $P(2, 2, 0)$, $Q(-1, 0, 2)$, $R(0, 4, 3)$에 대하여 $\triangle PQR$의 넓이를 구하시오.

풀이 (1) $A\times B=\begin{vmatrix} i & j & k \\ 1 & 3 & 2 \\ 4 & 0 & -3\end{vmatrix}=\begin{vmatrix} 3 & 2 \\ 0 & -3\end{vmatrix}i-\begin{vmatrix} 1 & 2 \\ 4 & -3\end{vmatrix}j+\begin{vmatrix} 1 & 3 \\ 4 & 0\end{vmatrix}k$

$=\langle -9, 11, -12\rangle$

$S=\|A\times B\|=\sqrt{(-9)^2+11^2+(-12)^2}=\sqrt{346}$

(2) $A=\overrightarrow{PQ}=\langle -3, -2, 2\rangle$, $B=\overrightarrow{PR}=\langle -2, 2, 3\rangle$이라 하면 $\triangle PQR$의 넓이 S는 $\frac{1}{2}\|A\times B\|$ 이다.

$A\times B=\begin{vmatrix} i & j & k \\ -3 & -2 & 2 \\ -2 & 2 & 3\end{vmatrix}=\begin{vmatrix} -2 & 2 \\ 2 & 3\end{vmatrix}i-\begin{vmatrix} -3 & 2 \\ -2 & 3\end{vmatrix}j+\begin{vmatrix} -3 & -2 \\ -2 & 2\end{vmatrix}k$

$=\langle -10, 5, -10\rangle$

$S=\frac{1}{2}\|A\times B\|=\frac{1}{2}\sqrt{(-10)^2+5^2+(-10)^2}=\frac{1}{2}\sqrt{225}=\frac{15}{2}$

$\forall A, B, C\in\mathbb{R}^3$에 대하여 $(A\times B)\cdot C$를 세 벡터 A, B, C의 **삼중곱**(triple product)이라 하고, $[A, B, C]$로 나타낸다.

$A=\langle a_1, a_2, a_3\rangle$, $B=\langle b_1, b_2, b_3\rangle$, $C=\langle c_1, c_2, c_3\rangle$에 대하여

$$[A, B, C]=(A\times B)\cdot C=\begin{vmatrix} i & j & k \\ a_1 & a_2 & a_3 \\ b_1 & b_2 & b_3\end{vmatrix}\cdot\langle c_1, c_2, c_3\rangle$$

$$=c_1\begin{vmatrix} a_2 & a_3 \\ b_2 & b_3\end{vmatrix}-c_2\begin{vmatrix} a_1 & a_3 \\ b_1 & b_3\end{vmatrix}+c_3\begin{vmatrix} a_1 & a_2 \\ b_1 & b_2\end{vmatrix}=\begin{vmatrix} a_1 & a_2 & a_3 \\ b_1 & b_2 & b_3 \\ c_1 & c_2 & c_3\end{vmatrix}$$ 이고,

$$[A, B, C]=A\cdot(B\times C)=\langle a_1, a_2, a_3\rangle\cdot\begin{vmatrix} i & j & k \\ b_1 & b_2 & b_3 \\ c_1 & c_2 & c_3\end{vmatrix}$$

$$=a_1\begin{vmatrix} b_2 & b_3 \\ c_2 & c_3\end{vmatrix}-a_2\begin{vmatrix} b_1 & b_3 \\ c_1 & c_3\end{vmatrix}+a_3\begin{vmatrix} b_1 & b_2 \\ c_1 & c_2\end{vmatrix}=\begin{vmatrix} a_1 & a_2 & a_3 \\ b_1 & b_2 & b_3 \\ c_1 & c_2 & c_3\end{vmatrix}$$ 이다.

따라서 $[A, B, C]=(A\times B)\cdot C=A\cdot(B\times C)$이 성립한다.

예 $A=\langle 1, 2, -2\rangle$, $B=\langle 3, 0, 1\rangle$, $C=\langle 1, -1, 0\rangle$일 때 이 세 벡터의 삼중곱은

$[A, B, C]=\begin{vmatrix} 1 & 2 & -2 \\ 3 & 0 & 1 \\ 1 & -1 & 0\end{vmatrix}=\begin{vmatrix} 1 & 0 & 0 \\ 3 & -6 & 7 \\ 1 & -3 & 2\end{vmatrix}=\begin{vmatrix} -6 & 7 \\ -3 & 2\end{vmatrix}(1)=9$이다.

또한, $A \times B = \begin{vmatrix} i & j & k \\ 1 & 2 & -2 \\ 3 & 0 & 1 \end{vmatrix} = \langle 2, -7, -6 \rangle$ 이므로

$[A, B, C] = (A \times B) \cdot C = \langle 2, -7, -6 \rangle \cdot \langle 1, -1, 0 \rangle = 9$이다.

[그림 20]과 같이 마주보는 면이 평행한 평행사변형으로 이루어진 육면체를 **평행육면체** (paralleopipe)라고 한다. $\forall A, B, C \in \mathbb{R}^3$일 때, $\overline{OA}, \overline{OB}, \overline{OC}$ 를 세 모서리로 갖는 평행육면체의 부피를 구해보자.

[그림 20]에서 $\overline{OA}, \overline{OB}$를 두 변으로 하는 평행사변형의 넓이를 S라고 하면 $S = \| A \times B \|$ 이다. $A \times B$와 C가 이루는 각의 크기를 $\theta (= \angle OCH)$라 하고, 꼭짓점 C에서 밑면에 내린 수선의 발을 H라 하면 $\overline{CH} = h$ 라 하자. 이때 다음이 성립한다.

$$\cos\theta = \frac{(A \times B) \cdot C}{\| A \times B \| \ \| C \|}, \quad h = \| C \| \ |\cos\theta|$$

평행육면체의 부피를 V라 하면

$$\begin{aligned} V = Sh &= \| A \times B \| \ \| C \| \ |\cos\theta| \\ &= \| A \times B \| \ \| C \| \ \frac{|(A \times B) \cdot C|}{\| A \times B \| \ \| C \|} = |[A, B, C]| \end{aligned}$$

이다.

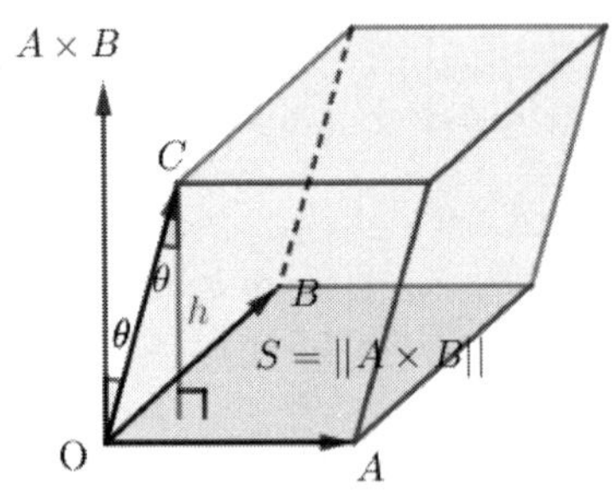

그림 20

정리 5.3.3 $\mathbb{R}^3$의 세 점 $A(a_1, a_2, a_3), B(b_1, b_2, b_3), C(c_1, c_2, c_3)$에 대하여 $\overline{OA}$, $\overline{OB}$, $\overline{OC}$를 세 모서리로 가지는 평행육면체 부피는 $|[A, B, C]|$이다. 즉, 행렬식 $\begin{vmatrix} a_1 & a_2 & a_3 \\ b_1 & b_2 & b_3 \\ c_1 & c_2 & c_3 \end{vmatrix}$의 절댓값과 같다.

따름정리 5.3.4 $\mathbb{R}^2$의 두 점 $A=(a_1, a_2), B=(b_1, b_2)$에 대하여 $\overline{OA}, \overline{OB}$를 두 변으로 갖는 평행사변형의 넓이는 행렬식 $\begin{vmatrix} a_1 & a_2 \\ b_1 & b_2 \end{vmatrix}$의 절댓값과 같다.

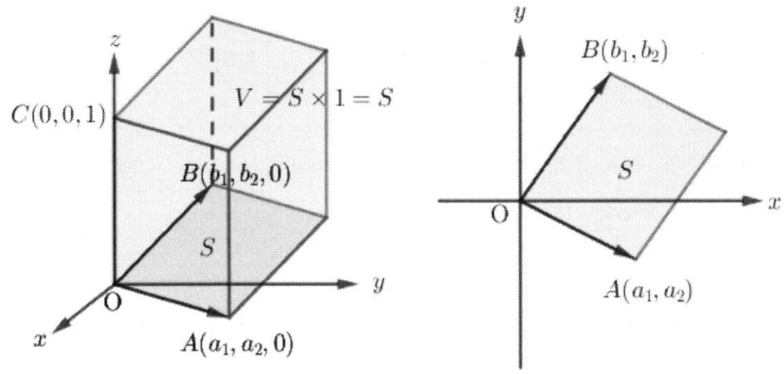

그림 21

예제 4 세 점 $A(1, -2, 0), B(-1, 3, -2), C(4, -1, 1)$에 대하여 $\overline{OA}, \overline{OB}, \overline{OC}$를 세 모서리로 가지는 평행육면체 부피를 구하시오.

풀이

$$[A, B, C] = \begin{vmatrix} 1 & -2 & 0 \\ -1 & 3 & 2 \\ 4 & -1 & 1 \end{vmatrix} = \begin{vmatrix} 3 & 2 \\ -1 & 1 \end{vmatrix}(1) - \begin{vmatrix} -1 & 2 \\ 4 & 1 \end{vmatrix}(-2) = 5 + (-18) = -13$$

$$\therefore V = |[A, B, C]| = |-13| = 13$$

연습문제 V-3

1 두 벡터 $\langle 3,2,1\rangle$과 $\langle -1,1,0\rangle$에 모두 수직인 벡터를 구하시오.

2 두 벡터 $A=\langle 2,-1,3\rangle$, $B=\langle 0,1,7\rangle$의 외적을 구하고 A, B를 두 변으로 하는 평행사변형의 넓이를 구하시오.

3 $\mathbb{R}^3$에서 세 꼭짓점이 $P(1,5,-2)$, $Q(0,0,0)$, $R(3,5,1)$인 삼각형의 넓이를 찾으시오.

4 $A, B, C \in \mathbb{R}^3$일 때, 다음이 성립함을 보이시오.

(1) $[A, B, C] = A\cdot(B\times C)$ (2) $[A, A, B]=0$

5 세 벡터 $A=\langle 0,3,-3\rangle$, $B=\langle 2,3,1\rangle$, $C=\langle 2,0,4\rangle$에 대하여 $[A,B,C]$를 구하시오.

6 $A=\langle -1,3,2\rangle$, $B=\langle 1,1,-1\rangle$일 때 $A\times X=B$를 만족하는 벡터 X를 구하시오.

7 $\mathbb{R}^2$의 두 점 $A(-5,-2)$, $B(2,-1)$에 대하여 $\overline{OA}$, $\overline{OB}$를 두 변으로 갖는 평행사변형의 넓이를 구하시오.

8 $\mathbb{R}^3$에서 네 꼭짓점이 $P(1,2,3)$, $Q(1,3,6)$, $R(3,8,6)$, $S(3,7,3)$인 평행사변형의 넓이를 구하시오.

9 $\mathbb{R}^3$에서 세 점 $A(-3,0,2)$, $B(4,2,0)$, $R(5,-1,2)$에 대하여 $\overline{OA}$, $\overline{OB}$, $\overline{OC}$가 세 모서리인 평행육면체의 부피를 구하시오.

VI 도형의 방정식

1. 직선과 평면의 방정식 | 2. 이차곡선

1 직선과 평면의 방정식

평면에서 직선은 그 직선 위에 있는 한 점과 직선의 기울기로 결정되는 것처럼 공간에서 직선은 그 직선 위의 한 점과 그 직선의 방향으로 결정한다. 즉, 한 점 $P(x_0, y_0, z_0)$를 지나고 주어진 벡터 $L=\langle l,m,n\rangle$에 평행한 직선은 하나만 존재한다. 이 직선 위의 임의의 점을 X로 두면 벡터 $X-P$는 L에 평행하므로 $X=P+tL$을 만족하는 실수 t가 존재한다. 즉, $X=P+tL$, $t\in\mathbb{R}$ 이다. 이때 L을 이 직선의 **방향벡터**(direction vector)라고 한다. 평행한 여러 벡터가 존재하므로 방향벡터는 유일하지 않다. 즉, $\langle l,m,n\rangle$이 한 직선의 방향벡터이면 0이 아닌 실수 k에 대해 $k\langle l,m,n\rangle$도 방향벡터가 된다.

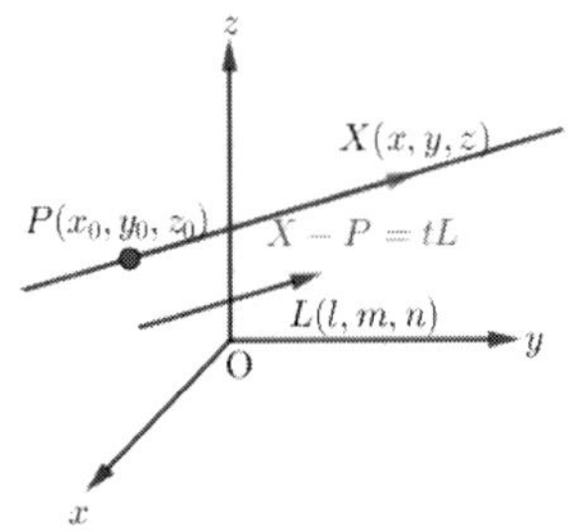

그림 22

$X=P+tL$을 $\langle x,y,z\rangle=\langle x_0,y_0,z_0\rangle+t\langle l,m,n\rangle$으로 나타내면 다음이 성립한다.

$$\begin{cases} x = x_0 + tl \\ y = y_0 + tm, \quad t\in\mathbb{R} \\ z = z_0 + tn \end{cases}$$

이것을 직선의 **매개방정식**(parametric equation)이라 한다.

또 위의 식을 t에 관해 정리하면 다음과 같이 나타낼 수 있는데, 이것을 직선의 **대칭방정식**(symmetric equation) 이라 한다.

$$\frac{x-x_0}{l}=\frac{y-y_0}{m}=\frac{z-z_0}{n}$$

참고 위 직선의 방정식의 방향벡터 $\langle l,m,n\rangle$의 l,m,n을 이 직선의 **방향수**(direction numbers)라 한다. 방향수 중 하나가 0일 수도 있다. 수학에서 일반적으로 0으로 나누는 것은 허용하지 않지만 다음의 예 (1)처럼 단순히 직선의 방향을 나타내기 위해 분모가 0인 분수를 허용하기로 한다.

예 (1) 점 $(1,1,1)$을 지나고 방향벡터가 $\langle 2, 0, -3\rangle$인 직선의 방정식은

$$\begin{cases} x=1+2t \\ y=1, \\ z=1-3t \end{cases} \quad t\in\mathbb{R} \quad \text{또는} \quad \frac{x-1}{2}=\frac{y-1}{0}=\frac{z-1}{-3}\text{이다.}$$

(2) 두 점 $A(5,4,1), B(3,1,6)$을 지나는 직선의 방향벡터는 $B-A=\langle -2, -3, 5\rangle$이다. 따라서 이 직선의 방정식은

$$\begin{cases} x=5-2t \\ y=4-3t, \\ z=1+5t \end{cases} \quad t\in\mathbb{R} \quad \text{또는} \quad \frac{x-5}{-2}=\frac{y-4}{-3}=\frac{z-1}{5}\text{이다.}$$

예제 1 직선 $\dfrac{3-4x}{5}=\dfrac{3y+2}{4}=\dfrac{2z-1}{2}$의 방향벡터를 구하시오.

풀이 주어진 직선의 방정식은 $\dfrac{x-\frac{3}{4}}{-\frac{5}{4}}=\dfrac{y+\frac{2}{3}}{\frac{4}{3}}=\dfrac{z-\frac{1}{2}}{1}$로 나타낼 수 있으므로

방향벡터는 $\left\langle -\dfrac{5}{4}, \dfrac{4}{3}, 1\right\rangle$ 또는 $\langle 15, -16, -12\rangle$이다.

직선과 달리 공간에 있는 평면은 평면 위의 한 점과 평면에 평행인 벡터로 결정할 수 없다. 평면에 평행인 단 한 개의 벡터로 평면의 방향을 결정할 수 없기 때문이다. 그렇지만 평면에 수직인 벡터는 그 평면의 방향을 결정할 수 있다. 이렇게 주어진 한 평면에 수직인 벡터를 그 평면의 **법선벡터**(normal vector)라 한다. 즉, 평면 위의 한 점과 법선 벡터가 주어지면 그 평면의 방정식을 구할 수 있다.

$\mathbb{R}^3$의 한 점 $P(x_0, y_0, z_0)$를 지나고 법선벡터가 $N=\langle a,b,c\rangle$인 평면의 방정식은 이 평면 위의 임의의 점 X에 대하여 $N\perp(X-P)$이므로 $N\cdot(X-P)=0$이다. 즉, $\langle a,b,c\rangle\cdot\langle x-x_0, y-y_0, z-z_0\rangle=0$이다. 따라서 점 $P(x_0, y_0, z_0)$를 지나고 법선벡터가 $N=\langle a,b,c\rangle$인 평면의 방정식은 $a(x-x_0)+b(y-y_0)+c(z-z_0)=0$이다. 여기에서 $ax_0+by_0+cz_0=d$라 하면 이 평면의 방정식은 $ax+by+cz=d$이다. 이것을 평면의 **표준방정식**(standard equation)이라 한다.

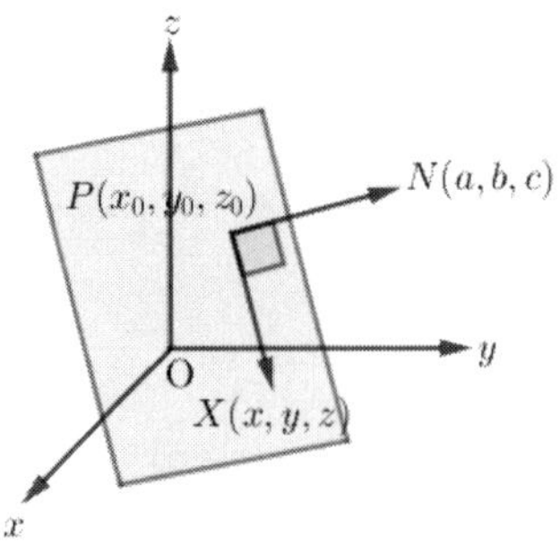

그림 23

예 법선벡터가 $\langle 1, -2, 3 \rangle$이고, 점 $(7, 0, 3)$을 지나는 평면의 방정식은 $1(x-7)-2(y-0)+3(z-3)=0$ 이다. 즉, $x-2y+3z=16$이다.

한 평면의 법선벡터는 그 평면에 포함되는 모든 직선과 수직이다. 또 평면 위의 평행하지 않은 두 직선에 수직인 벡터는 그 평면에 수직이므로 법선벡터가 된다. 따라서 한 평면의 법선벡터는 평면 위의 평행하지 않은 두 직선 또는 선분의 방향벡터의 외적으로 구할 수 있다.

예제 2 세 점 $A(1,1,2)$, $B(2,-1,3)$, $C(3,2,4)$를 지나는 평면의 방정식을 구하시오.

풀이 이 평면의 법선벡터를 N이라 하면 $N \perp (B-A)$이고 $N \perp (C-A)$이다.
$B-A = \langle 2-1, -1-1, 3-2 \rangle = \langle 1, -2, 1 \rangle$, $C-A = \langle 2, 1, 2 \rangle$이다.
법선벡터 N이 위의 두 벡터 $B-A$, $C-A$가 동시에 수직이므로 외적의 성질에 의해 다음이 성립한다.

$$N = (B-A) \times (C-A) = \begin{vmatrix} i & j & k \\ 1 & -2 & 1 \\ 2 & 1 & 2 \end{vmatrix} = \langle -5, 0, 5 \rangle$$

따라서 구하는 평면의 방정식은 $-5(x-1)-0(y-1)+5(z-2)=0$이다.
즉, $x-z+1=0$이다.

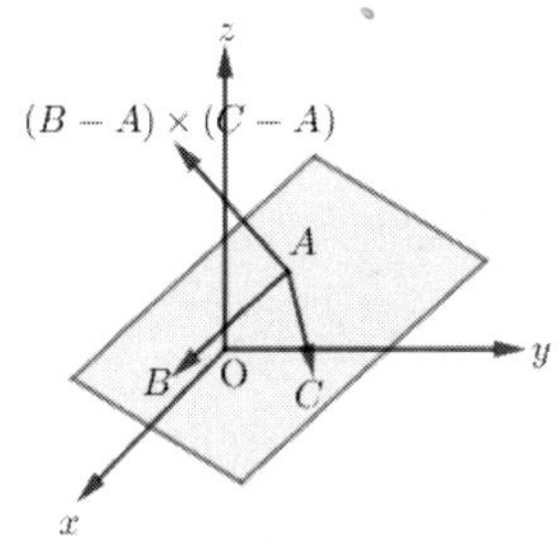

그림 24

예제 3 만나는 두 직선을 포함하는 평면의 방정식을 구하여라.

$$x-1=y-1=z-2, \quad \frac{x-1}{2}=\frac{y-1}{3}=\frac{z-2}{6}$$

풀이 위의 두 직선은 모두 점 $(1,1,2)$를 지나고 두 직선의 방향벡터는 각각 $L_1=\langle 1,1,1\rangle$, $L_2=\langle 2,3,6\rangle$이다. 이 두 직선을 포함하는 평면의 법선벡터 N은 두 직선과 모두 수직이므로 아래와 같이 구할 수 있다.

$$N=L_1\times L_2=\begin{vmatrix} i & j & k \\ 1 & 1 & 1 \\ 2 & 3 & 6 \end{vmatrix}=\langle 3,-4,1\rangle$$

따라서 평면의 방정식은 $3(x-1)-4(y-1)+1(z-2)=0$이다.
즉, $3x-4y+z=1$이다.

직선과 직선, 평면과 평면이 이루는 각의 크기는 방향 벡터와 법선벡터를 이용하여 구할 수 있다.

두 직선이 이루는 각의 크기는 그 두 직선의 방향벡터가 이루는 각의 크기와 같다. 따라서 방향벡터가 각각 $L=\langle l,m,n\rangle$, $L'=\langle l',m',n'\rangle$인 두 직선

$$\frac{x-x_0}{l}=\frac{y-y_0}{m}=\frac{z-z_0}{n}, \quad \frac{x-x'_0}{l'}=\frac{y-y'_0}{m'}=\frac{z-z'_0}{n'}$$

이 이루는 각의 크기를 θ 라고 하면 다음이 성립한다.

$$\cos\theta=\frac{L\cdot L'}{\| L\| \ \| L'\|}=\frac{ll'+mm'+nn'}{\sqrt{l^2+m^2+n^2}\sqrt{l'^2+m'^2+n'^2}}$$

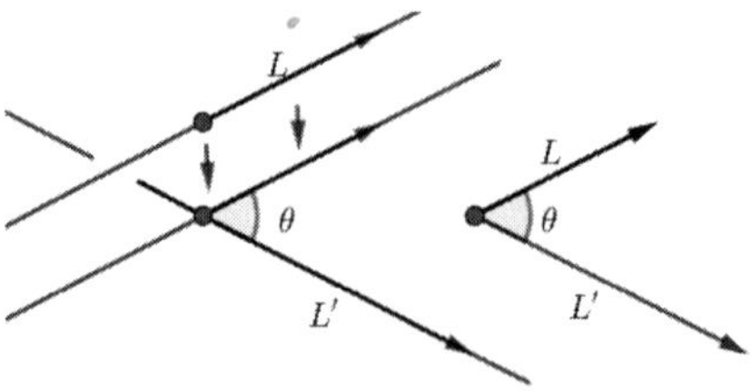

그림 25

예제 4 두 직선 $\frac{x-2}{1}=\frac{y+1}{2}=\frac{z}{-1}$과 $\frac{x-1}{-1}=\frac{y-3}{1}=\frac{z-3}{-2}$이 이루는 각의 크기를 구하시오.

풀이 $L=\langle 1,\ 2,\ -1\rangle,\ L'=\langle -1,\ 1,\ -2\rangle$

$$\cos\theta=\frac{L\cdot L'}{\| L \|\ \| L' \|}=\frac{\langle 1,\ 2,\ -1\rangle\cdot\langle -1,\ 1,\ -2\rangle}{\sqrt{1^2+2^2+(-1)^2}\sqrt{(-1)^2+1^2+(-2)^2}}$$

$$=\frac{-1+2+2}{\sqrt{6}\sqrt{6}}=\frac{1}{2}$$

$$\therefore\ \theta=\frac{\pi}{3}$$

두 평면이 이루는 각의 크기는 두 평면의 법선벡터가 이루는 각의 크기와 같다. 그러므로 법선벡터가 각각 N, N'인 두 평면이 이루는 각의 크기를 θ라고 하면 다음이 성립한다.

$$\cos\theta=\frac{N\cdot N'}{\| N \|\ \| N' \|}$$

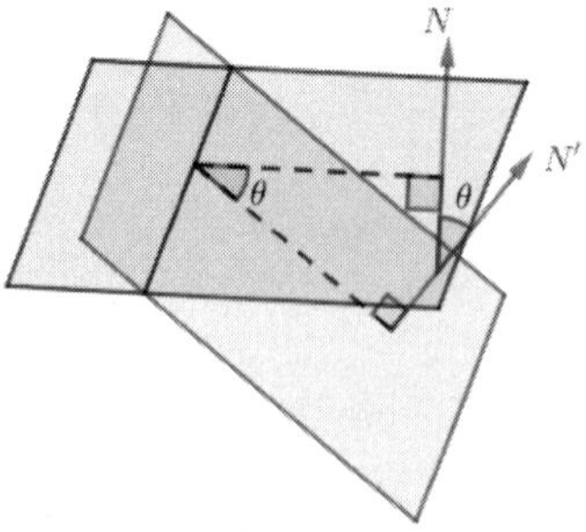

그림 26

예제 5 두 평면 $x+2y+2z-5=0$, $x+y-3=0$이 이루는 각 중 예각의 크기를 구하시오.

풀이 $N_1=\langle 1,2,2\rangle$, $N_2=\langle 1,1,0\rangle$

$$\cos\theta=\frac{N\cdot N'}{\|N\|\ \|N'\|}=\frac{\langle 1,2,2\rangle\cdot\langle 1,1,0\rangle}{\sqrt{1^2+2^2+2^2}\sqrt{1^2+1^2+0^2}}=\frac{3}{\sqrt{18}}=\frac{\sqrt{2}}{2}$$

$$\therefore\ \theta=\frac{\pi}{4}$$

한 점 $P(x_0, y_0, z_0)$에서 평면 $ax+by+cz+d=0$에 이르는 거리를 구해보자. $ax+by+cz+d=0$이 평면이면 a, b, c 중 어느 하나는 0이 아니다.

$a\neq 0$이라 하고, 점 P는 평면 $ax+by+cz+d=0$ 위에 있지 않다고 하자. 점 P에서 평면에 내린 수선의 발을 H라고 하면, 점 P에서 평면에 이르는 거리는 $\|P-H\|$이다. 또 이 평면이 x축과 만나는 점을 K라고 하면, $K\left(-\frac{d}{a}, 0, 0\right)$이다.

이 평면의 법선벡터 $N=\langle a,b,c\rangle$와 $\overline{PK}$가 이루는 각을 θ라고 하자. 여기에서 $P-K=\left\langle x_0+\frac{d}{a}, y_0, z_0\right\rangle$이므로 $(P-K)\cdot N=ax_0+by_0+cz_0+d$이다.

따라서 점 P에서 이 평면에 이르는 거리는 다음과 같다.

$$\|P-H\|=\|P-K\|\,|\cos\theta|=\|P-K\|\frac{|(P-K)\cdot N|}{\|P-K\|\ \|N\|}$$

$$=\frac{|(P-K)\cdot N|}{\|N\|}=\frac{|ax_0+by_0+cz_0+d|}{\sqrt{a^2+b^2+c^2}}\quad (*)$$

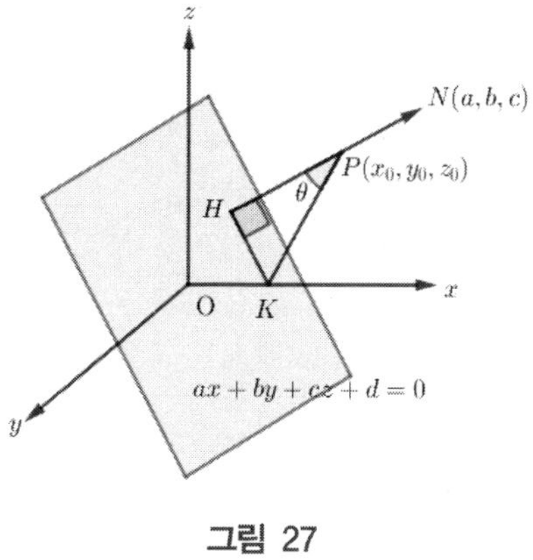

그림 27

$a=0$ 인 경우, $b \neq 0$ 또는 $c \neq 0$이므로 같은 방법으로 주어진 평면과 그 위에 있지 않는 한 점까지의 거리를 구할 수 있다.

또 점 $P(x_0, y_0, z_0)$가 주어진 평면 위에 있으면 $ax_0+by_0+cz_0+d=0$ 이므로 위의 식(*)에 대입하면 $\dfrac{|ax_0+by_0+cz_0+d|}{\sqrt{a^2+b^2+c^2}}=0$ 이다. 즉, 거리가 0 이다.

일반적으로 점 $P(x_0, y_0, z_0)$에서 평면 $ax+by+cz+d=0$ 에 이르는 거리는 다음과 같다.

$$D=\frac{|ax_0+by_0+cz_0+d|}{\sqrt{a^2+b^2+c^2}}$$

특히, 원점에서 이 평면에 이르는 거리는 $\dfrac{|d|}{\sqrt{a^2+b^2+c^2}}$ 이다.

예제 6 점 $(-3, 2, 4)$에서 평면 $x+2y-2z+1=0$ 에 이르는 거리를 구하시오.

풀이 $D=\dfrac{|ax_0+by_0+cz_0+d|}{\sqrt{a^2+b^2+c^2}}=\dfrac{|1\cdot(-3)+2\cdot2+(-2)\cdot4+1|}{\sqrt{1^2+2^2+(-2)^2}}=\dfrac{6}{3}=2$

연습문제 VI-1

1 점 $(2,1,5)$를 지나고 직선 $\frac{x-1}{2}=\frac{y+2}{4}=\frac{z-3}{2}$와 평행인 직선의 방정식을 구하시오.

2 점 $(0,14,-10)$를 지나고 직선 $x=-1+2t,\ y=6-3t,\ z=3+9t$에 평행인 직선의 방정식을 구하시오.

3 점 $(1,0,6)$를 지나고 평면 $x+3y+z=5$와 수직인 직선의 방정식을 구하시오.

4 점 $(2,1,3)$를 지나고 직선 $\frac{x-1}{2}=\frac{y-2}{3}=\frac{z-4}{5}$를 포함하는 평면의 방정식을 구하시오.

5 점 $(1,-1,-1)$을 지나고 평면 $5x-y-z=6$에 평행인 평면의 방정식을 구하시오.

6 두 점 $(5,-2,3)$, $(1,3,2)$를 잇는 선분의 수직이등면의 방정식을 구하시오.

7 두 평면 $2x-3y+z=0$과 $x-2y+3z+5=0$이 이루는 각을 구하시오.

8 평행한 두 평면 $2x-3y+z=5,\ 2x-3y+z=10$ 사이의 거리를 구하시오.

9 점 $(1,-2,4)$에서 평면 $4x-6y+2z=3$에 이르는 거리를 구하시오.

10 직선 $\frac{x-1}{2}=\frac{y-2}{3}=\frac{z-1}{1}$ 위의 점 중 평면 $x-2y+2z=3$에 이르는 거리가 2인 점의 좌표를 구하시오.

2 이차곡선

다음 그림과 같이 2개의 합동인 원뿔을 꼭짓점이 일치하도록 위, 아래에서 붙여 두고 여러 가지 평면으로 자르면 다양한 곡선을 얻을 수 있다. 한 원뿔의 옆면을 가로지르는 평면으로 자른 단면은 **타원**(ellipse)이라 하고, 그것을 모선에 평행한 평면으로 자른 단면은 **포물선**(parabola)이라 한다. 또한 두 원뿔의 옆면을 모두 통과하는 평면으로 자른 단면은 **쌍곡선**(hyperbola)이라 한다. 이들을 통틀어 **원뿔곡선**(conic section)이라 한다.

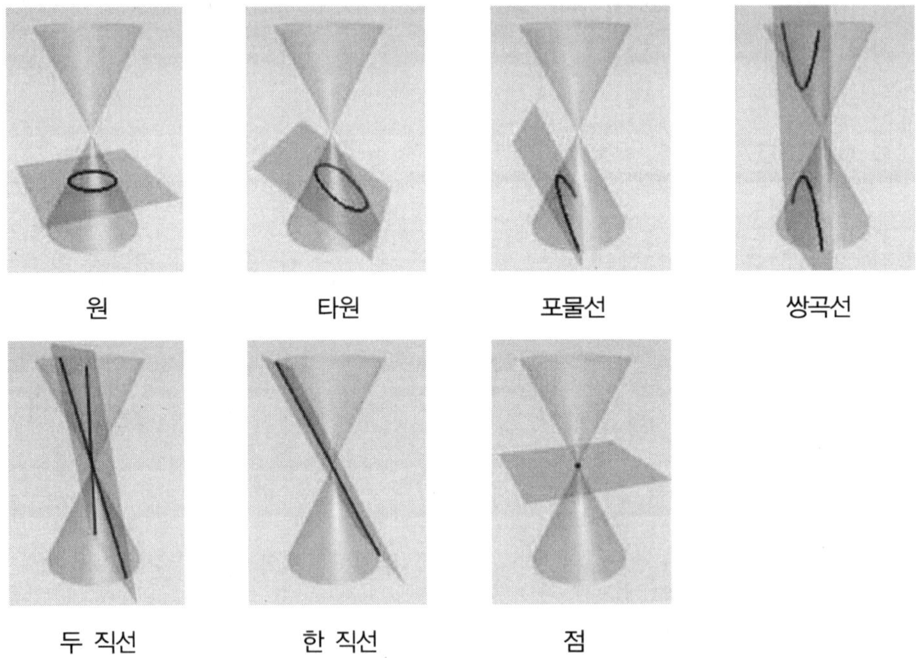

그림 28

좌표를 이용하여 도형의 그래프를 나타낸 이후 모든 원뿔곡선이 좌표평면에서 x, y에 관한 이차방정식을 만족하는 점들의 자취임이 밝혀졌다. 이들을 **이차곡선**(quadratic curve)이라 부르기도 한다. 이제 좌표평면에서 포물선, 타원, 쌍곡선 등의 정의와 그래프를 그리는 방법을 알아보겠다.

평면 위의 정점 F와 이 점을 지나지 않는 한 정직선 l에 이르는 거리가 같은 점의 자취를 **포물선**(parabola)이라 하고, 여기서 직선 l을 이 포물선의 **준선**(directrix), 점 F를 이 포물선의 **초점**(focus)이라 부른다.

[그림 29]와 같이 초점 $F(p, 0)$와 준선 $x=-p$에서 같은 거리에 있는 점 $P(x, y)$의 자취의 방정식을 구해 보자. 점 P에서 $x=-p$에 내린 수선의 발을 H라 하면 $\overline{PF}=$

$\overline{PH}$ 이다. 따라서 $\overline{PF}=\sqrt{(x-p)^2+y^2}$, $\overline{PH}=|x+p|$ 이므로 $\sqrt{(x-p)^2+y^2}=|x+p|$ 이다. 양변을 제곱하여 정리하면 $y^2=4px$ 이고, 이것이 포물선의 방정식이다.

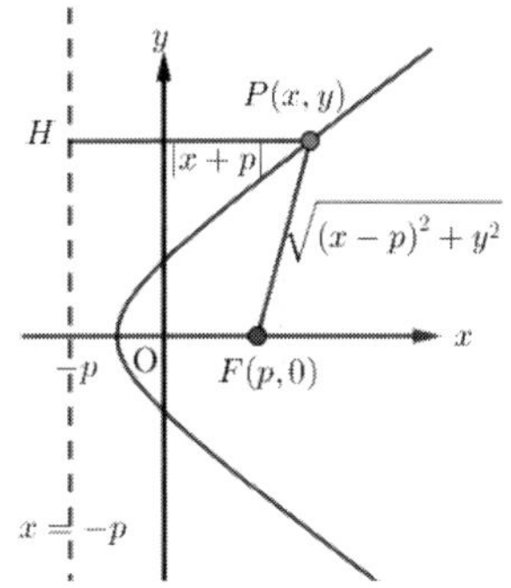

그림 29

같은 방법으로 $F(0,p)$와 $y=-p$ 에서 같은 거리에 있는 점 $P(x,y)$ 의 자취를 구하면 포물선의 방정식은 $x^2=4py$ 이다.

예 곡선 $3x^2+6x+12y=5$ 는 $3(x+1)^2=-12\left(y-\frac{2}{3}\right)$, 즉 $(x+1)^2=-4\left(y-\frac{2}{3}\right)$ 이다. 따라서 포물선 $x^2=-4y$ 를 x축 방향으로 -1, y축 방향으로 $\frac{2}{3}$만큼 평행이동한 것이다. 포물선 $x^2=-4y$ 의 초점은 $(0,\,-1)$, 준선은 $y=1$ 이므로 $3x^2+6x+12y=5$ 의 초점은 $(-1,\,-\frac{1}{3})$, 준선은 $y=\frac{5}{3}$ 이다.

좌표평면 위의 두 점 F, F' 으로부터 거리의 합이 일정한 점들의 자취를 **타원(ellipse)**이라 한다. 이제 두 점 $F(c,0)$, $F'(-c,0)$ 으로부터의 거리의 합이 $2a$ 로 일정한 점 $P(x,y)$ 의 자취의 방정식을 구해보자. $\overline{PF}=\sqrt{(x-c)^2+y^2}$, $\overline{PF'}=\sqrt{(x+c)^2+y^2}$ 이므로 $\sqrt{(x+c)^2+y^2}+\sqrt{(x-c)^2+y^2}=2a$ 이다.

$\sqrt{(x+c)^2+y^2}=2a-\sqrt{(x-c)^2+y^2}$ 의 양변을 제곱하여 정리하면 $(a^2-c^2)x^2+a^2y^2=a^2(a^2-c^2)$이다. $a>c$ 이므로 $a^2-c^2=b^2$이라 하자. 양변을 $a^2b^2=a^2(a^2-c^2)$ 으로 나누면 다음 식을 얻는다.

$$\frac{x^2}{a^2}+\frac{y^2}{b^2}=1 \quad (a>b>0)$$

이때, 두 점 F, F' 을 이 타원의 **초점**(focus)이라 부르고, $A(a, 0)$, $A'(-a, 0)$, $B(0, b)$, $B'(0, -b)$ 이라 하면 $\overline{AA'}$ 을 **장축** 또는 **주축**(major axis)이라 하고, $\overline{BB'}$ 을 **단축**(minor axis)이라 한다.

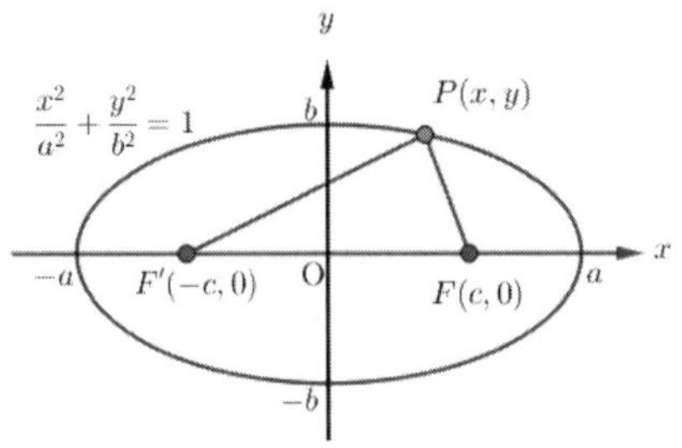

그림 30

같은 방법으로 두 점 $F(0, c)$, $F'(0, -c)$ 으로부터의 거리의 합이 $2b$ 로 일정한 점 $P(x, y)$ 의 자취인 타원의 방정식은 다음과 같다.

$$\frac{x^2}{a^2}+\frac{y^2}{b^2}=1 \quad (b>a>0,\ \ c^2=b^2-a^2)$$

예 타원 $3x^2+4y^2=12$ 는 $\frac{x^2}{2^2}+\frac{y^2}{(\sqrt{3})^2}=1$ 이 되므로, 장축의 길이는 $2a=4$, 단축의 길이 $2b=2\sqrt{3}$ 이다. $c=\sqrt{a^2-b^2}=\sqrt{2^2-(\sqrt{3})^2}=1$ 이므로 두 초점은 $F(1, 0)$, $F'(-1, 0)$ 이다.

타원의 한 초점을 지나고 그 타원의 주축에 수직인 직선이 타원에 의하여 잘린 선분을 **통경**(latus rectum)이라 한다.

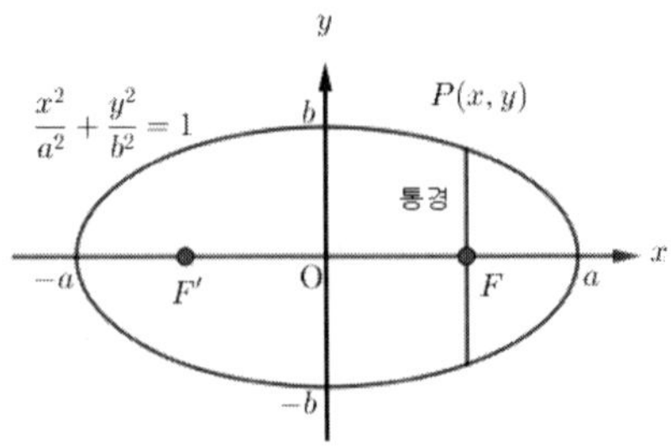

그림 31

예제 1 주축의 길이가 $2a$, 단축의 길이가 $2b$인 타원의 통경 길이를 구하시오.

풀이 이 타원의 방정식을 $\frac{x^2}{a^2}+\frac{y^2}{b^2}=1\ (a>b>0)$이라 하자.

$c=\sqrt{a^2-b^2}$이라 하면 한 초점은 $F(c,0)$이다. $x=c$일 때, $\frac{c^2}{a^2}+\frac{y^2}{b^2}=1$이므로 $y=\pm\frac{b^2}{a}$이다. 따라서 타원이 직선 $x=c$와 만나는 두 점의 y좌표가 $y=\pm\frac{b^2}{a}$이므로 통경의 길이는 $\frac{2b^2}{a}$이다.

좌표평면 위의 두 점 F, F'으로부터 거리의 차가 일정한 점들의 자취를 **쌍곡선**(hyperbola)이라 한다. 두 점 $F(c,0)$, $F'(-c,0)$으로부터의 거리의 차가 $2a$로 일정한 점 $P(x,y)$의 자취의 방정식을 구해보자. [그림 32]에서 $\overline{PF}=\sqrt{(x-c)^2+y^2}$, $\overline{PF}=\sqrt{(x+c)^2+y^2}$이므로 $\left|\sqrt{(x-c)^2+y^2}-\sqrt{(x+c)^2+y^2}\right|=2a$이다. 즉, $\sqrt{(x-c)^2+y^2}=\pm2a+\sqrt{(x+c)^2+y^2}$이다. 이 식의 양변을 제곱하여 정리하면 $(a^2-c^2)x^2+a^2y^2=a^2(a^2-c^2)$이다. $c>a$이므로 $c^2-a^2=b^2$으로 두자. 양변을 $a^2b^2=a^2(c^2-a^2)$으로 나누면 다음 방정식을 얻는다.

$$\frac{x^2}{a^2}-\frac{y^2}{b^2}=1\quad(a^2+b^2=c^2)$$

여기서 두 점 F, F'을 이 쌍곡선의 **초점**(focus)이라 부르고, $A(a,0)$, $A'(-a,0)$이라 하면 $\overline{AA'}$을 **주축**(major axis)이라 한다. 또 두 직선 $y=\pm\frac{b}{a}x$는 이 쌍곡선과 만나지 않지만, x의 절댓값이 한없이 커지면 쌍곡선에 한없이 가까워지는데, 이것을 **점근선**(asymptote)이라 한다.

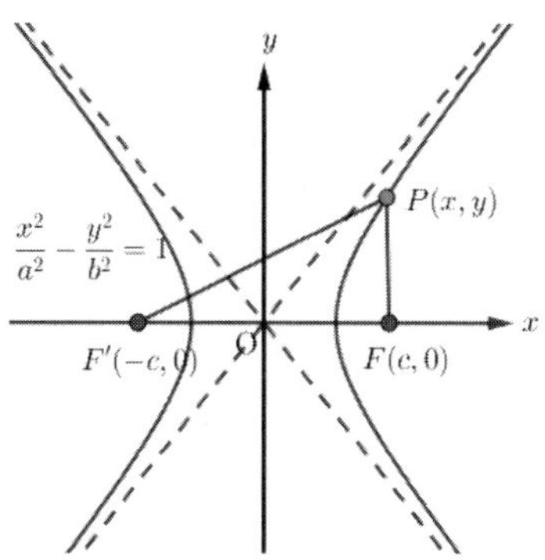

그림 32

같은 방법으로 두 점 $F(0,c)$, $F'(0,-c)$으로부터의 거리의 차가 $2b$로 일정한 점

$P(x, y)$ 의 자취인 쌍곡선의 방정식은 다음과 같다.

$$\frac{x^2}{a^2} - \frac{y^2}{b^2} = -1 \quad (a^2 + b^2 = c^2)$$

여기서 $B(0, b)$, $B'(0, -b)$이라 하면 이 쌍곡선의 주축은 $\overline{BB'}$ 이고, 점근선은 $y = \pm \frac{b}{a}x$ 이다. 이 두 쌍곡선을 **켤레쌍곡선**(conjugate hyperbola)이라 한다.

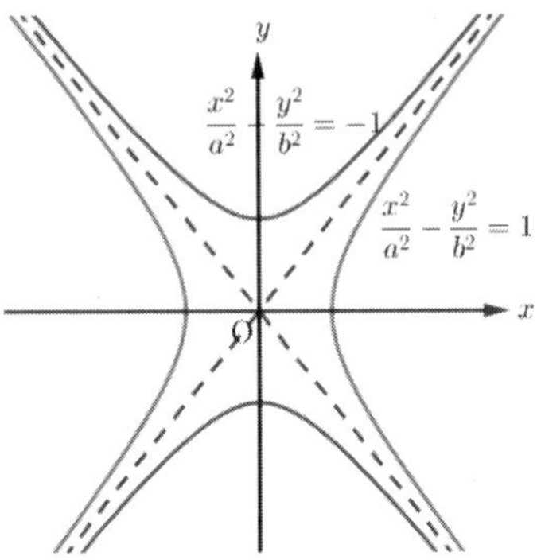

그림 33

예 쌍곡선 $4x^2 - 9y^2 = 36$ 은 $\frac{x^2}{9} - \frac{y^2}{4}$로 변형되므로 $c^2 = a^2 + b^2 = 4 + 9 = 13$ 이다. 따라서 두 초점의 좌표는 $F(\sqrt{13}, 0)$, $F'(-\sqrt{13}, 0)$이다. 이 쌍곡선의 주축은 $A(3, 0)$, $A'(-3, 0)$을 연결하는 선분이고, 점근선은 두 직선 $y = \pm \frac{2}{3}x$ 이다. 또 이 쌍곡선의 켤레쌍곡선은 $\frac{x^2}{4} - \frac{y^2}{9} = 1$이다.

두 점근선이 서로 직각인 쌍곡선을 **직각쌍곡선**(rectangular hyperbola)이라 한다. 따라서 쌍곡선 $\frac{x^2}{a^2} - \frac{y^2}{b^2} = 1$ 이 직각쌍곡선이면 점근선의 기울기의 곱은 $\left(\frac{b}{a}\right)\left(-\frac{b}{a}\right) = -1$ 이므로 $b = \pm a$ 이다. 따라서 직각쌍곡선의 방정식은 $x^2 - y^2 = a^2$ 이 되고, 이 쌍곡선의 점근선은 $y = \pm x$이다.

지금까지 살펴본 포물선, 타원, 쌍곡선의 방정식은 모두 x, y에 관한 2차식으로 나타낼 수 있다. 일반적으로 a, b, c 중 적어도 하나는 0이 아닐 때 이차방정식 $ax^2 + bxy + cy^2 + dx + ey + f = 0$ 을 만족하는 점들의 집합을 **이차곡선**(quadratic curve)이라 한다.

연습문제 VI-2

1 다음 포물선의 초점과 준선의 방정식을 구하고 그래프를 그리시오.

(1) $x^2+8y=0$ (2) $y^2+8y-4x=0$

2 다음 타원의 초점과 장축(주축)과 단축의 길이를 구하고 그래프를 그리시오.

(1) $\dfrac{x^2}{64}+\dfrac{y^2}{36}=1$ (2) $\dfrac{x^2}{24}+\dfrac{y^2}{40}=1$

3 다음 쌍곡선의 초점, 꼭짓점, 점근선의 방정식을 구하고 그래프를 그리시오.

(1) $\dfrac{(x-2)^2}{4}+\dfrac{(y+1)^2}{3}=1$ (2) $x^2-y^2+6x+4y+6=0$

4 꼭짓점이 원점이고 두 점 $A(1,2), B(4,4)$를 지나는 포물선의 방정식을 구하시오.

5 쌍곡선 $\dfrac{x^2}{a^2}-\dfrac{y^2}{10}=1$의 두 꼭짓점과 타원 $\dfrac{x^2}{16}+\dfrac{y^2}{b^2}=1$의 두 초점이 일치할 때, a, b의 값을 구하시오.

6 타원 $\dfrac{x^2}{9}+\dfrac{y^2}{5}=1$과 두 초점을 공유하고 점근선의 방정식이 $y=\pm\sqrt{3}x$인 쌍곡선의 장축(주축)과 단축의 길이를 구하시오.

7 쌍곡선 $\dfrac{x^2}{2}-\dfrac{y^2}{3}=1$ 위의 임의의 한 점 P에서 이 쌍곡선과의 두 점근선까지의 거리의 곱이 일정함을 보이시오.

8 다음 방정식이 나타내는 도형을 말하시오.

(1) $y^2-2y-4x-7=0$

(2) $x^2-4y^2+6x+8y-11=0$

꼭 짚고 넘어가야 할

BASIC 기초수학

지은이 강병개 · 정해남
펴낸이 조경희
펴낸곳 경문사
펴낸날 2022년 2월 28일 1판 1쇄
등 록 1979년 11월 9일 제1979-000023호
주 소 04057, 서울특별시 마포구 와우산로 174
전 화 (02)332-2004 팩스 (02)336-5193
이메일 kyungmoon@kyungmoon.com

값 14,000원

ISBN 979-11-6073-525-3